国家级中等职业
改革示范校教材

电气控制与PLC技术

DIANQI KONGZHI
YU PLC JISHU

主编 顾宝良 王邦林

中国科学技术大学出版社

内 容 简 介

本书的主要内容包括：电动机常见的典型控制电路，PLC入门知识，FX系列PLC的基本逻辑指令和常用的功能指令，PLC程序设计的基本方法。本书在编写中，力求在知识结构上前后紧密衔接，各个项目、任务自成体系，把握"够用、实用"的原则，做到浅显易懂，把知识与技能有机结合起来，以适应一体化和项目化的教学需求。考虑到现在普遍采用的仿真教学，本书增加了电路仿真学习的内容。

本书可作为电气类、机电类中高等职业院校以及应用型本、专科学校的教材和广大维修电工、低压电器装配工等机电类工种的职业技能培训用书和工作参考书。

图书在版编目(CIP)数据

电气控制与PLC技术/顾宝良，王邦林主编. —合肥：中国科学技术大学出版社，2015.3（2023.1重印）

ISBN 978-7-312-03677-4

Ⅰ.电… Ⅱ.①顾…②王… Ⅲ.①电气控制—中等专业学校—教材②PLC技术—中等专业学校—教材 Ⅳ.①TM571.2②TM571.6

中国版本图书馆CIP数据核字(2015)第009813号

出版	中国科学技术大学出版社 安徽省合肥市金寨路96号，230026 http://press.ustc.edu.cn
印刷	合肥华苑印刷包装有限公司
发行	中国科学技术大学出版社
经销	全国新华书店
开本	787 mm×1092 mm 1/16
印张	13
字数	312千
版次	2015年3月第1版
印次	2023年1月第3次印刷
定价	28.00元

前　言

我国职业技术教育正处在历史上最好的发展时期,也面临着许多改革。通过新世纪召开的多次重要会议,教育部教职成[2006]4号文《关于职业院校试行工学结合、半工半读的意见》逐步明确了"大力推行工学结合、校企合作"的方针,要求"建立学校和企业之间长期稳定的组织联系制度,实现互惠互利、合作共赢",同时又要"加强教育与生产劳动和社会生产实践相结合,加快推进职业教育培养模式由传统的以学校和课程为中心向工学结合、校企合作转变"。"提倡产教结合、工学结合",早在1991年国务院《关于大力发展职业技术教育的决定》(国发[1991]55号)中就有过明确表述。还可以追溯到20世60年代的"半工半读",甚至更早时期的"勤工俭学",只是不同时期理论研讨的重点和目的不同而已。国际职业技术教育中的名词更是五花八门。比如日本的"产学连携"、德国的"双元制"(dual system)、英国工学交替的"三明治教育模式"(sandwich courses)、美国的"合作教育"(cooperative education)模式等,其实目的都是一样的。总而言之,就是学以致用,理论和实践相生相伴。但是无论是哪一种模式,都离不开教材(电子教材)作为信息的载体。职业技术教育的办学是为国家走新型工业化道路服务,同时缓解国内劳动力市场技能型人才紧缺现状。职业教育的主要任务是培养应用型、技能型人才。国家有关职业教育方针、政策的出台,为职业技术教育的进一步发展指明了方向。培养目标的变化直接带来了办学宗旨、教学内容与课程体系、教学方法与手段、教学管理等诸多方面的改变。

传统的教学模式是按教室、实验室、车间、实习岗位等学习空间进行划分的,不同的学习空间只能对相应的知识进行传授,导致教材的编写也只能按以上学习空间分块编写。这样的教材和教学模式必然会导致理论教学和实践性教学的严重脱节。职业教育校企联合办学理论实训一体化系列教材的编写打破了按学习空间编写教材的传统,把原来的理论课教材、实验指导书、仪表仪器的使用和实习大纲等进行有机整合,使教学内容与教学环节更加灵活多样化;教材内容的编写采用项目导向式的方法,充分体现了职业技术教育的特点,本着在教学环节中充分体现工学交替、工学结合的办学指导思想,理论知识的传授以"够用、实用、必需"为度。本书融入新观念、新工艺、新标准;以项目为导向,用任务进行驱动,以典型控制过程案例为引导;从理论到实践,再从实践到理论,突出应用能力和创新素质的培养和提升。全书分五个项目编写,主要内容为常用低压电器,基本控制电路,PLC基础知识,PLC基本指令、程序、程序设计,FX_{2N}系列PLC。本书可作为电气类、机电类中高等职业院校以及应用型本、专科学校的教材和广大维修电工、低压电器装配工等机电类工种的职业技能培训用书和工作参考书。

教学课时分配可按理论和实训1:1分配,课时为60～120学时,各院校可根据自身的实际情况增减学时。

本教材由曾到德国学习"双元制"职业技术教育的顾宝良高级讲师和王邦林副教授担任主编,顾宝良高级讲师负责全书的统稿和审稿工作;昆明冶研新材料股份有限公司电气高级工程师苟大斌、钱云华、叶元任副主编;肖良松、郝相平、张美珍参编。由于编者水平有限,编写时间仓促,书中难免存在一些问题和不足之处,敬请各位专家和同行批评指正。

编　者

2014 年 12 月

目　录

前言 …………………………………………………………………………………（Ⅰ）

项目一　认识低压电器 …………………………………………………………（1）
　任务一　认识电力拖动系统 ……………………………………………………（1）
　任务二　认识低压电器及电气线路图 …………………………………………（4）

项目二　常用电动机控制线路装调 ……………………………………………（18）
　任务一　小容量电动机直接启动控制线路安装调试 …………………………（18）
　任务二　点动与长动控制线路安装调试 ………………………………………（24）
　任务三　兼有点动与长动的控制线路安装调试 ………………………………（35）
　任务四　正反转电路安装与调试 ………………………………………………（39）
　任务五　顺序联锁控制电路安装调试 …………………………………………（45）
　任务六　多点与多条件控制电路安装调试 ……………………………………（51）
　任务七　行程控制电路安装调试 ………………………………………………（53）
　任务八　电动机 Y/△降压启动控制电路安装调试 ……………………………（58）
　任务九　学习电动机其他降压启动控制电路 …………………………………（62）
　任务十　双速电动机控制线路安装调试 ………………………………………（65）
　任务十一　学习三速电动机控制线路 …………………………………………（70）
　任务十二　电动机反接制动控制线路安装调试 ………………………………（72）
　任务十三　电动机其他制动控制线路安装调试 ………………………………（78）
　任务十四　V-ELEQ 仿真软件安装与应用 ……………………………………（83）

项目三　学习 PLC 基本知识 ……………………………………………………（90）
　任务一　用 PLC 控制双速电动机控制线路 …………………………………（90）
　任务二　认识三菱 FX 系列 PLC 软继电器 ……………………………………（102）

项目四　学习 FX 系列 PLC 指令系统 …………………………………………（119）
　任务一　学习 FX 系列的基本逻辑指令 ………………………………………（119）
　任务二　学习 FX 系列的常用功能指令 ………………………………………（132）

项目五　学习 PLC 程序设计方法 ……………………………………………… (152)
　　任务一　学习转换设计法 ……………………………………………………… (152)
　　任务二　学习经验设计法 ……………………………………………………… (163)
　　任务三　学习逻辑设计法 ……………………………………………………… (168)
　　任务四　学习顺序设计法 ……………………………………………………… (172)

附录一　FX 基本指令一览表 …………………………………………………… (193)

附录二　FX 应用指令一览表 …………………………………………………… (194)

附录三　欧姆龙 CPM1A 系列基本逻辑指令一览表 …………………………… (198)

参考文献 ………………………………………………………………………… (199)

项目一　认识低压电器

【知识目标】
1. 了解电力拖动的概念，电力拖动的组成、分类、发展；
2. 了解低压电器的一般知识；
3. 掌握电气控制线路图绘制的基本原则与方法；
4. 掌握电气原理图的绘图原则。

【技能目标】
1. 能够识别电气原理图；
2. 掌握电动机定子绕组接线技能。

任务一　认识电力拖动系统

本课程是一门实用性很强的专业课，主要内容是以电动机或其他执行电器为控制对象，介绍继电接触器控制系统和PLC控制系统的工作原理。当前PLC控制系统应用十分普遍，已经成为实现工业自动化的主要手段，是教学的重点。但是，一方面，根据我国当前的情况，继电接触器控制系统仍然是机械设备最常用的电气控制方式，而且低压电器正在向小型化、长寿命方向发展，使继电接触器控制系统的性能不断提高，因此它在今后的电气控制技术中仍然占有相当重要的地位；另一方面，PLC是计算机技术与继电接触器控制技术相结合的产物，而且PLC的输入、输出仍然与低压电器密切相关，因此掌握继电接触器控制技术也是学习和掌握PLC应用技术所必需的基础。

一、控制系统的组成

一个最简单而"原始"的例子如下。在农村，现在我们仍然可以看到这样一个简易的加工系统：通过人力或畜力拉动石磨（碾子），进行谷物等粮食的碾碎或磨碎。我们可以直观地看到，该系统主要包含了以下三个部分：动力来源（人力、畜力）、动力传递机构（杠杆、绳索）、产品加工机械（石磨），如图1.1（a）所示。显然，这样的"原始"加工系统的效率是极其低下的。

随着社会和技术的发展，这一加工系统得到了根本性的革新，例如常见的碾米机等，动力来源改用了电动机，传递结构改为皮带传递，加工机械改为碾米机，这样，加工效率大大提高，节省了人力、物力，是前者根本无法比拟的，如图1.1(b)所示。碾米机进行碾米，实际上是通过闸刀控制电动机电源的接通和断开，需要加工时，合上闸刀，电动机拖动碾米机进行碾米，碾米完成后，断开闸刀，机器停止工作。

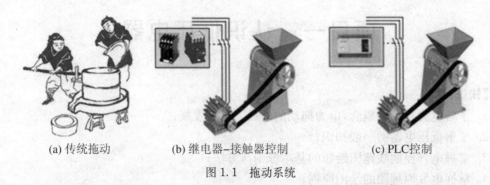

(a) 传统拖动　　　　(b) 继电器-接触器控制　　　　(c) PLC控制

图1.1　拖动系统

实际上，因为加工机械对产品的加工往往不是简单地接通和断开电源，其中包含了一定的时间、位置等因素的协调配合。为了达到以上要求，对电动机的控制，实际上是根据加工要求，由一系列的电器元件按照一定控制逻辑关系组合在一起，对电源的通断及电动机定子绕组的连接方式进行控制，以改变电动机的运行状态(停止、稳定运行、转速改变、转向改变等)。

由继电器、接触器等电器元件构成的实现对电动机控制的系统称为继电器-接触器控制系统。如图1.1(b)所示，继电器-接触器控制系统在传统的工业生产中曾起着不可替代的重要作用，继电器-接触器控制电路通常是针对某一固定的动作顺序或生产工艺而设计的。它的控制功能也仅仅只局限于逻辑控制、定时、计数等这样一些简单的控制，一旦动作顺序或生产工艺发生变化，就必须进行重新设计、布线、装配和调试。随着生产规模的逐步扩大，市场经济竞争日趋激烈，继电器-接触器控制系统已愈来愈难以适应，无法满足日新月异且竞争激烈的市场经济发展的需要。这就迫使人们要放弃原来已占统治地位的继电器-接触器控制系统，研制可以替代继电器-接触器控制系统的新型的工业控制系统。

继电器-接触器控制系统构成框图如图1.2所示。

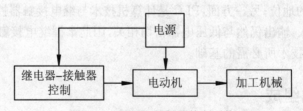

图1.2　继电器-接触器控制系统

以PLC作为控制器的PLC控制系统从根本上改变了传统的继电器-接触器控制系统的工作原理和方式。继电器-接触器控制系统的控制功能是通过采用硬件接线的方式来实现的，而PLC控制系统的控制功能是通过存储程序来实现的，继电器-接触器控制系统的控制线路被PLC中的程序所替代，这样一旦生产工艺发生变化，就只需修改程序就可以了，如图1.1(c)所示。正是上述原因，PLC控制系统除了可以完成传统继电器-接触器控制系统所具有的全部功能外，还可以实现模拟量控制、开环或闭环过程控制，甚至多级分布式控制。随着微电子技术的进一步发展，PLC成本也在降低，传统的继电器-接触器控制系统被PLC控制系统所代替已是发展的必然趋势。

PLC控制系统构成框图如图1.3所示。

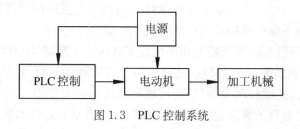

图1.3 PLC控制系统

通过电动机拖动生产机械，称为电力拖动。如上所述，电力拖动系统由动力部分、动力传递结构和生产机械构成，其中，动力传递机构常见的有皮带、齿轮、链条等。生产机械如各种机床等。

二、电气控制技术发展概况

电气控制技术是随着科学技术的不断发展、对生产工艺不断提出新的要求而得到迅速发展的。从最早的手动控制发展到自动控制，从简单的控制设备发展到复杂的控制系统，从有触点的硬接线继电器控制系统发展到以计算机为中心的软件控制系统。现代电气控制技术综合应用了计算机、自动控制、电子技术、精密测量等许多先进的科学技术成果。

作为生产机械动力的电机拖动，已由最早的采用成组拖动方式→单独拖动方式→生产机械的不同运动部件分别由不同电机拖动的多电动机拖动方式，发展成今天无论是自动化功能还是生产安全性方面都相当完善的电气自动化系统。

继电器-接触器控制系统主要由继电器、接触器、按钮、行程开关等组成，其控制方式是断续的，所以又称为断续控制系统。由于这种系统具有结构简单、价格低廉、维护容易、抗干扰能力强等优点，至今仍是机床和其他许多机械设备广泛采用的基本电气控制形式，也是学习更先进电气控制系统的基础。这种控制系统的缺点是采用固定接线方式，灵活性差，工作频率低。

从20世纪30年代开始，机械加工企业为了提高生产效率，采用机械化流水作业的生产方式，对不同类型的零件分别组成自动生产线。随着产品机型的更新换代，生产线承担的加工对象也随之改变，这就需要改变控制程序，使生产线的机械设备按新的工艺过程运行，而继电器-接触器控制系统是采用固定接线的，很难适应这个要求。大型自动化生产线的控制系统使用的继电器数量很多，这种有触点的电器工作频率较低，在频繁动作情况下寿命较短，从而造成系统故障，使生产线的运行可靠性降低。为了解决这个问题，1968年美国最大的汽车制造商——通用汽车(GM)公司为适应汽车型号不断更新，提出把计算机的完备功能以及灵活性、通用性好等优点和继电器控制系统的简单易懂、操作方便、价格低等优点结合起来，做成一种能适应工业环境的通用控制装置，并把编程方法和程序输入方式加以简化，使得不熟悉计算机的人员也能很快掌握它的使用技术。根据这一设想，美国数字设备公司(DEC)于1969年率先研制出第一台可编程控制器(简称PLC)，在通用汽车公司的自动装配线上试用获得成功。从此以后,许多国家的著名厂商竞相研制,各自形成系列,而且品种更新很快,功能不断增强,从最初的逻辑控制为主发展到能进行模拟量控制,具有数据运算、数据处理和通信联网等多种功能。PLC的另一个突出优点是可靠性很高,平均无故障运行时间可达10万小时以上,可以大大减少设备维修费用和停产造成的经济损失。当前,PLC已经成为电气自动控制系统中应用最为广泛的核心装置。

自20世纪70年代以来,电气控制相继出现了直接数字控制(DDC)系统、柔性制造系统(FMS)、计算机集成制造系统(CIMS),综合运用计算机辅助设计(CAD)、计算机辅助制造(CAM)、智能机器人、集散控制系统(DCS)、现场总线控制系统等多项高技术,形成了从产品设计与制造和生产管理的智能化生产的完整体系,将自动制造技术推进到更高的水平。

综上所述,电气控制技术的发展始终是伴随着社会生产规模的扩大、生产水平的提高而前进的。电气控制技术的进步反过来又促进了社会生产力的进一步提高;同时,电气控制技术又是与微电子技术、电力电子技术、检测传感技术、机械制造技术等紧密联系在一起的。当前科学技术继续在突飞猛进,向前发展,在21世纪的今天,电气控制技术必将达到更高的水平。

【总结与思考】

1. 总结

通过电动机作为动力来源,实现对生产机械的拖动,称为电力拖动。拖动系统主要包括动力部分、动力传递部分和生产加工机械三个部分。拖动方式有成组拖动、单电机拖动和多电机拖动。

继电器-接触器控制系统是采用一系列的电气元件按一定逻辑构成的、满足一定控制要求的控制方式,这种控制方式的特点是"有触点"控制,电路控制逻辑通过接线实现,如此,一方面,控制系统的可靠性不高,系统冗杂庞大,另一方面,控制要求发生改变,通过改变控制线路的结构、接线实现改变控制逻辑,难度大,时间长。PLC控制系统是采用PLC通过程序的形式实现电路的控制逻辑,是"无触点"控制,可靠性大为提高,且当控制要求发生改变时,主要通过更改PLC中的程序来完成,时间短,效率高,实现起来也方便快捷。

2. 思考

请读者举出生活中常见到的拖动系统实例,简要分析一下它的三大组成部分分别是什么。

任务二 认识低压电器及电气线路图

一、电器的基本知识

在我国经济建设事业和人民生活中,电能的应用越来越广泛。实现工业、农业、国防和科学技术的现代化,就更离不开电气化。为了安全、可靠地使用电能,电路中就必须装有各种起调节、分配、控制和保护作用的电气设备。这些电气设备统称为电器。从生产或使用的角度,可分为高压电器和低压电器两大类。随着科学技术和生产的发展,电器的种类不断增多,用量非常大,用途极为广泛。

本任务主要认识一下电气控制领域中常用低压电器的工作原理、用途、型号、规格及符号等知识,学会正确选择和合理使用常用电器,为后继章节的学习打下基础。

低压电器(low voltage apparatus)通常指工作在交流电压1 200 V、直流电压1 500 V以下的电路中起通断、控制、保护和调节作用的电气设备。

(一) 电器的分类

电器是接通和断开电路或调节、控制和保护电路及电气设备用的电工器具。完成由控制电器组成的自动控制系统,称为继电器-接触器控制系统,简称电器控制系统。

电器的用途广泛,功能多样,种类繁多,结构各异。下面是几种常用的电器分类。

1. 按工作电压等级分类

(1) 高压电器。用于交流电压1 200 V、直流电压1 500 V及以上电路中的电器,例如高压断路器、高压隔离开关、高压熔断器等。

(2) 低压电器。用于交流频率50 Hz(或60 Hz)、额定电压为1 200 V以下、直流额定电压1 500 V及以下的电路中的电器,例如接触器、继电器等。

2. 按动作原理分类

(1) 手动电器。指用手或依靠机械力进行操作的电器,如手动开关、控制按钮、行程开关等主令电器。

(2) 自动电器。借助于电磁力或某个物理量的变化自动进行操作的电器,如接触器、各种类型的继电器、电磁阀等。

3. 按用途分类

(1) 控制电器。用于各种控制电路和控制系统的电器,例如接触器、继电器、电动机启动器等。

(2) 主令电器。用于自动控制系统中发送动作指令的电器,例如按钮、行程开关、万能转换开关等。

(3) 保护电器。用于保护电路及用电设备的电器,如熔断器、热继电器、各种保护继电器、避雷器等。

(4) 执行电器。指用于完成某种动作或传动功能的电器,如电磁铁、电磁离合器等。

(5) 配电电器。用于电能的输送和分配的电器,例如高压断路器、隔离开关、刀开关、自动空气开关等。

4. 按工作原理分类

(1) 电磁式电器。依据电磁感应原理来工作,如接触器、各种类型的电磁式继电器等。

(2) 非电量控制电器。依靠外力或某种非电物理量的变化而进行动作的电器,如刀开关、行程开关、按钮、速度继电器、温度继电器等。

(二) 电器的作用

我们日常生活中用水时,在输送自来水的管路上及各种用水的地方,要装上不同的阀门对水流进行控制和调节。在输送电能的输电线路和各种用电的场合,也要使用不同的电器来控制电路的通、断,对电路的各种参数进行调节。只是电能的输送和使用比自来水的输送和使用要复杂得多。低压电器在电路中的用途是根据操作信号或外界信号或要求,自动或手动接通、分断电路,连续或断续地改变电路的状态、参数,对电路进行控制、保护、测量、指示、调节。低压电器的作用有:

(1) 控制作用。如电梯的上下移动、快慢速自动切换与自动停层等。

(2) 保护作用。能根据设备的特点,对设备、环境以及人身实行自动保护,如电机的过热保护、电网的短路保护、漏电保护等。

(3) 测量作用。利用仪表及与之相适应的电器,对设备、电网或其他非电参数进行测量,如电流、电压、功率、转速、温度、湿度等。

(4) 调节作用。低压电器可对一些电量和非电量进行调整,以满足用户的要求,如柴油机油门的调整、房间温湿度的调节、照度的自动调节等。

(5) 指示作用。利用低压电器的控制、保护等功能,检测出设备运行状况与电气电路工作情况,如绝缘监测、保护掉牌指示等。

(6) 转换作用。在用电设备之间转换或对低压电器、控制电路分时投入运行,以实现功能切换,如励磁装置手动与自动的转换,供电的市电与自备电的切换等。

当然,低压电器作用远不止这些,随着科学技术的发展,新功能、新设备会不断出现,常用低压电器的主要种类和用途如表 1.1 所示。

表 1.1 常用低压电器的主要种类及用途

序号	类别	主要品种	用　途
1	断路器	塑料外壳式断路器	主要用于电路的过负荷、短路、欠电压、漏电压保护,也可用于不频繁接通和断开的电路
		框架式断路器	
		限流式断路器	
		漏电保护式断路器	
		直流快速断路器	
2	刀开关	开关板用刀开关	主要用于电路的隔离,有时也能分断负荷
		负荷开关	
		熔断器式刀开关	
3	转换开关	组合开关	主要用于电源切换,也可用于负荷通断或电路的切换
		换向开关	
4	主令电器	按钮	主要用于发布命令或程序控制
		限位开关	
		微动开关	
		接近开关	
		万能转换开关	
5	接触器	交流接触器	主要用于远距离频繁控制负荷,切断带负荷电路
		直流接触器	
6	启动器	磁力启动器	主要用于电动机的启动
		星-三角启动器	
		自耦减压启动器	

续表

序号	类别	主要品种	用途
7	控制器	凸轮控制器	主要用于控制回路的切换
		平面控制器	
8	继电器	电流继电器	主要用于控制电路中将被控量转换成控制电路所需电量或开关信号
		电压继电器	
		时间继电器	
		中间继电器	
		温度继电器	
		热继电器	
9	熔断器	有填料熔断器	主要用于电路短路保护，也用于电路的过载保护
		无填料熔断器	
		半封闭插入式熔断器	
		快速熔断器	
		自复熔断器	
10	电磁铁	制动电磁铁	主要用于起重、牵引、制动等地方
		起重电磁铁	
		牵引电磁铁	

对低压配电电器的要求是灭弧能力强，分断能力好，热稳定性能好，限流准确等。对低压控制电器，则要求其动作可靠、操作频率高、寿命长，并具有一定的负载能力。

二、电磁机构原理

电磁机构是电器元件的感受部件，它的作用是将电磁能转换为机械能并带动触点闭合或断开。

电磁机构由吸引线圈、铁芯和衔铁组成，其结构形式按衔铁的运动方式可分为直动式和拍合式。图1.4和图1.5所示的分别是直动式和拍合式电磁机构的常用结构形式。

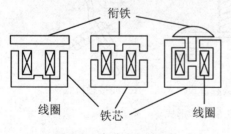

图1.4 直动式电磁机构

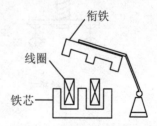

图1.5 拍合式电磁机构

吸引线圈的作用是将电能转换为磁能，即产生磁通，衔铁在电磁吸力作用下产生机械位移使铁芯吸合。通入直流电的线圈称直流线圈，通入交流电的线圈称交流线圈。

对于直流线圈，铁芯不发热，只有线圈发热，因此线圈与铁芯接触以利于散热。线圈做成无骨架、高而薄的瘦高型，以改善线圈自身散热。铁芯和衔铁由软钢或工程纯铁制成。

对于交流线圈，除线圈发热外，由于铁芯中有涡流和磁滞损耗，铁芯也会发热。为了改善线圈和铁芯的散热情况,在铁芯与线圈之间留有散热间隙,而且把线圈做成有骨架的矮胖型。铁芯用硅钢片叠成,以减少涡流。

另外,根据线圈在电路中的连接方式可分为串联线圈(即电流线圈)和并联线圈(即电压线圈)。串联(电流)线圈串接在线路中,流过的电流大,为减少对电路的影响,线圈的导线粗,匝数少,线圈的阻抗较小。并联(电压)线圈并联在线路上,为减少分流作用,降低对原电路的影响,需要较大的阻抗,因此线圈的导线细且匝数多。

由于电源电压变化一个周期,电磁铁吸合两次,释放两次,电磁机构会产生剧烈的振动和噪音,因而不能正常工作。解决的办法是在铁芯端面开一小槽,在槽内嵌入铜质短路环,如图 1.6 所示。

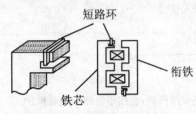

图 1.6 交流铁芯的短路环

加上短路环后,磁通被分为大小接近、相位相差约 90°度角的两相磁通,因而两相磁通不会同时过零。由于电磁吸力与磁通的平方成正比,故由两相磁通产生的合成电磁吸力较为平坦,在电磁铁通电期间电磁吸力始终大于反力,使铁芯牢牢吸合,这样就消除了振动和噪音,一般短路环包围 2/3 的铁芯端面。

三、触头系统

触头系统属于执行部件。它的作用是通过触点的开、闭来通、断电路。

触头按功能可分为:主触头和辅助触头。主触头用于接通和分断主电路;辅助触头用于接通和分断二次电路,还能起互锁和联锁作用。

按形状可分为:桥式触头和指形触头。桥式触头又分为点接触桥式触头和面接触桥式触头,如图 1.7 所示。

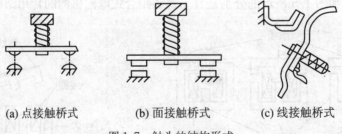

(a) 点接触桥式　　　　(b) 面接触桥式　　　　(c) 线接触桥式

图 1.7 触头的结构形式

触头按位置可分为:静触头和动触头。静触头固定不动,动触头能由联杆带着移动。

触头按其初始位置可分为:常闭触头和常开触头。

常闭触头(又称动断触头)——常态时动、静触头是相互闭合的。常开触头(又称动合触头)——常态时动、静触头是分开的。所谓常态是指在不受外力、不通电时触头的状态。

四、灭弧装置

电弧是指触头在闭合和断开(包括熔体在熔断时)的瞬间,都会在触头间隙中由电子流产生弧状的火花,这种由电气原因造成的火花称为电弧。

电弧的危害:① 使电路仍然保持导通状态,延迟了电路的开断;② 会烧损触点,缩短电器的使用寿命。

常用的灭弧措施有机械性拉长电弧、双触点灭弧、磁吹灭弧、纵缝灭弧、金属栅片灭弧、纵缝陶土灭弧罩等,如图1.8所示。

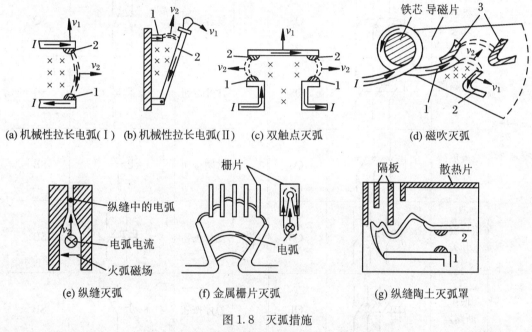

图1.8 灭弧措施
1.静触点;2.动触点;3.引弧角。
v_1 为动触点移动速度;v_2 为电弧在磁场力作用下的移动速度

五、电动机基本控制线路图的绘制

电气控制系统是由诸多电气元件按照一定要求连接而成的系统。为了表示生产机械电气控制系统的结构和原理等设计意图,同时也为了便于电气系统的安装、调试、使用和维修,需要将电气控制系统中各电气元件用一定的图形表示出来,该图形即是电气控制系统图。常用电气元件符号如表1.2所示。

电器控制线路的表示方法有:电气原理图、电气接线图、电器布置图。

(一) 电气原理图

电气原理图是根据生产机械运动形式对电气控制系统的要求,采用国家统一规定的电

表 1.2 常用电气元件符号

类别	名称	图形符号	文字符号	类别	名称	图形符号	文字符号
开关	单极控制开关	或	SA	位置开关	常开触头		SQ
	手动开关一般符号		SA		常闭触头		SQ
	三极控制开关		QS		复合触头		SQ
	三极隔离开关		QS	按钮	常开按钮		SB
	三极负荷开关		QS		常闭按钮		SB
	组合旋钮开关		QS		复合按钮		SB
	低压断路器		QF		急停按钮		SB
	控制器或操作开关	后 前 2 1 0 1 2	SA		钥匙操作式按钮		SB
接触器	线圈操作器件		KM	热继电器	热元件		FR
	常开主触头		KM		常闭触头		FR

续表

类别	名称	图形符号	文字符号	类别	名称	图形符号	文字符号
	常开辅助触头		KM	中间继电器	线圈		KA
	常闭辅助触头		KM		常开触头		KA
时间继电器	通电延时（缓吸）线圈		KT		常闭触头		KA
	断电延时（缓放）线圈		KT	电流继电器	过电流线圈	$I>$	KA
	瞬时闭合的常开触头		KT		欠电流线圈	$I<$	KA
	瞬时断开的常闭触头		KT		常开触头		KA
	延时闭合的常开触头	或	KT		常闭触头		KA
	延时断开的常闭触头	或	KT	电压继电器	过电压线圈	$U>$	KV
	延时闭合的常闭触头	或	KT		欠电压线圈	$U<$	KV
	延时断开的常开触头	或	KT		常开触头		KV

续表

类别	名称	图形符号	文字符号	类别	名称	图形符号	文字符号
电磁操作器	电磁铁的一般符号	或	YA		常闭触头		KV
	电磁吸盘		YH	电动机	三相笼型异步电动机		M
	电磁离合器		YC		三相绕线转子异步电动机		M
	电磁制动器		YB		他励直流电动机		M
	电磁阀		YV		并励直流电动机		M
非电量控制的继电器	速度继电器常开触头		KS		串励直流电动机		M
	压力继电器常开触头		KP	熔断器	熔断器		FU
发电机	发电机		G	变压器	单相变压器		TC
	直流测速发电机		TG		三相变压器		TM
灯	信号灯（指示灯）		HL	互感器	电压互感器		TV
	照明灯		EL		电流互感器		TA
接触器	插头和插座	或	X 插头 XP 插座 XS		电抗器		L

气图形符号和文字符号,按照电气设备和电器的工作顺序,详细表示电路、设备或成套装置的全部基本组成和连接关系,而不考虑其实际位置的一种简图。电气原理图具有结构简单、层次分明、便于研究和分析电路的工作原理等优点。

电气原理图能充分表达电气设备和电器的用途、作用和工作原理,是电气线路安装、调试和维修的理论依据。

电器控制线路根据电路通过的电流大小可分为主电路和控制电路。主电路包括从电源到电动机的电路,是强电流通过的部分,用粗线条画在原理图的左边。控制电路是通过弱电流的电路,一般由按钮、电器元件的线圈、接触器的辅助触点、继电器的触点等组成,用细线条画在原理图的右边。

所有按钮、触点均按没有外力作用和没有通电时的原始状态(常态)画出。控制电路的分支线路,原则上按照动作先后顺序排列,两线交叉连接时的电气连接点须用黑点标出。

绘制、识读电路图时应遵循以下原则:

(1) 电路图一般分电源电路、主电路和辅助电路三部分绘制。

① 电源电路画成水平线,三相交流电源相序 L1,L2,L3 自上而下依次画出,中线 N 和保护地线 PE 依次画在相线之下。直流电源的"+"端画在上边,"-"端在下边画出。电源开关要水平画出。

② 主电路是指受电的动力装置及控制、保护电器的支路等,它由主熔断器、接触器的主触头、热继电器的热元件以及电动机等组成。主电路通过的电流是电动机的工作电流,电流较大。主电路图要画在电路图的左侧并垂直电源电路。

③ 辅助电路一般包括控制主电路工作状态的控制电路,显示主电路工作状态的指示电路,提供机床设备局部照明的照明电路等。它由主令电器的触头、接触器线圈及辅助触头、继电器线圈及触头、指示灯和照明灯等组成。辅助电路通过的电流都较小,一般不超过 5 A。当画辅助电路图时,辅助电路要跨接在两相电源线之间,一般按照控制电路、指示电路和照明电路的顺序依次垂直画在主电路图的右侧,且电路中与下边电源线相连的耗能元件(如接触器和继电器的线圈、指示灯、照明灯等)要画在电路图的下方,而电器的触头要画在耗能元件与上边电源线之间。为读图方便,一般应按照自左至右、自上而下的排列来表示操作顺序。

(2) 电路图中,各电器的触头位置都按电路未通电或电器未受外力作用时的常态位置画出。分析原理时,应从触头的常态位置出发。

(3) 电路图中,不画各电器元件实际的外形图,而采用国家统一规定的电气图形符号画出。

(4) 电路图中,同一电器的各元件不按它们的实际位置画在一起,而是按其在线路中所起的作用分画在不同电路中,但它们的动作却是相互关联的,因此,必须标注相同的文字符号。当图中相同的电器较多时,需要在电器文字符号后面加注不同的数字,以示区别,如 KM1,KM2 等。

(5) 画电路图时,应尽可能减少线条和避免线条交叉。对有直接电联系的交叉导线连接点,要用小黑圆点表示;无直接电联系的交叉导线则不画小黑圆点。

(6) 电路图采用电路编号法,即对电路中的各个接点用字母或数字编号。

① 主电路在电源开关的出线端按相序依次编号为 U11,V11,W11。然后按从上至下、从左至右的顺序,每经过一个电器元件后,编号要递增,如 U12,V12,W12;U13,V13,W13 单台三相交流电动机(或设备)的三根引出线按相序依次编号为 U,V,W,…,对于多台电动机引出线的编号,为了不引起误解和混淆,可在字母前用不同的数字加以区别,如 1U,1V,1W;2U,2V,2W,…,如图 1.9 所示。

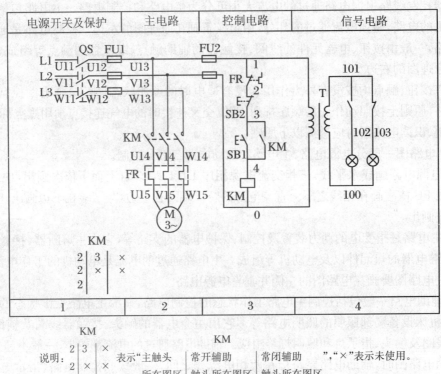

图 1.9 原理图的表示法

② 辅助电路编号按"等电位"原则从上至下、从左至右的顺序用数字依次编号,每经过一个电器元件后,编号要依次递增。控制电路编号的起始数字必须是 1,其他辅助电路编号的起始数字依次递增 100,如照明电路编号从 101 开始,指示电路编号从 201 开始等,如图 1.9 所示。

(7) 完整的电气原理图还应沿横坐标方向将原理图划分成若干图区,并标明该区电路的功能。继电器和接触器线圈下方的触头表用来说明线圈和触头的从属关系。

(二) 电气接线图

电气接线图是根据电气设备和电器元件的实际位置和安装情况绘制的,只用来表示电气设备和电器元件的位置、配线方式和接线方式,而不明显表示电气动作原理。主要用于安装接线、线路的检查维修和故障处理,如图 1.10 所示。

绘制、识读接线图应遵循以下原则:

(1) 接线图中一般标示出如下内容:电气设备和电器元件的相对位置、文字符号、端子号、导线号、导线类型、导线截面积、屏蔽和导线绞合等。

(2) 所有的电气设备和电器元件都按其所在的实际位置绘制在图纸上,且同一电器的各元件根据其实际结构,使用与电路图相同的图形符号画在一起,并用点画线框上,其文字符号以及接线端子的编号应与电路图中的标注一致,以便对照检查接线。

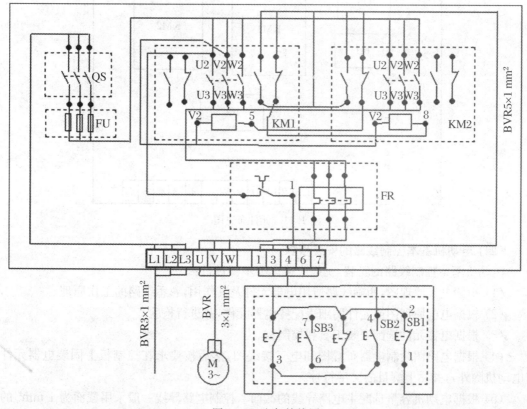

图 1.10 电气接线图

(3) 接线图中的导线有单根导线、导线组或线扎电缆等之分,可用连续线和中断线来表示。凡导线走向相同的可以合并,用线束来表示,到达接线端子板或电器元件的连接点时再分别画出。在用线束来表示导线组、电缆等时可用加粗的线条表示,在不引起误解的情况下也可采用部分加粗。另外,导线及管子的型号、根数和规格应标注清楚。

(三)电器布置图

电器布置图是根据电器元件在控制板上的实际安装位置,采用简化的外形符号(如正方形、矩形、圆形等)而绘制的一种简图。电器布置图表明电气原理图中所有电器元件、电器设备的实际位置,为电气控制设备的制造、安装提供必要的资料。

(1) 各电器代号应与有关电路图和电器元件清单上所列的元器件代号相同。

(2) 体积大的和较重的电器元件应该安装在电气安装板的下面,发热元件应安装在电气安装板的上面。

(3) 经常要维护、检修、调整的电器元件安装位置不宜过高或过低,图中不需要标注尺寸。

在实际中,电气原理图、电气接线图和电器布置图要结合起来使用。图 1.11 是一个简单的电气布置图。

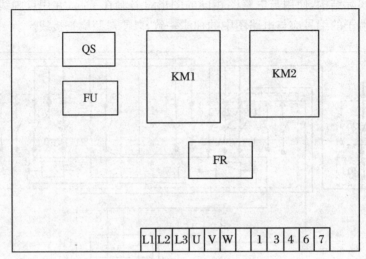

图 1.11 元件布置图

(四) 电动机基本控制线路的安装步骤

电动机基本控制线路的安装,一般应按以下步骤进行:

(1) 识读电气原理图,明确线路所用电器元件及其作用,熟悉线路的工作原理。

(2) 根据电气原理图或元件明细表配齐电器元件,并进行检验。

(3) 根据电器元件选配安装工具和控制板。

(4) 根据电路图绘制电器布置图和电气接线图,然后按要求在控制板上固装电器元件(电动机除外),并贴上醒目的文字符号。

(5) 根据电动机容量选配主电路导线的截面。控制电路导线一般采用截面为 $1\ mm^2$ 的铜芯线(BVR);按钮线一般采用截面为 $0.75\ mm^2$ 的铜芯线(BVR);接地线一般采用截面不小于 $1.5\ mm^2$ 的铜芯线(BVR)。

(6) 根据接线图布线,同时将剥去绝缘层的两端线头套上标有与电路图相一致编号的编码套管。

(7) 安装电动机。

(8) 连接电动机和所有电器元件金属外壳的保护接地线。

(9) 连接电源、电动机等控制板外部的导线。

(10) 自检。

(11) 交验。

(12) 通电试车。

(五) 三相异步电动机

三相异步电动机是一种将从三相电源接受的电能转换成机械能量并从旋转的轴上输出去的装置,生产厂家将接受电能的三个定子绕组的 6 个端子引到电动机机壳上的接线盒内,并按国家标准布设,如图 1.12 所示。图中下排 3 个端子(U1,V1,W1)是 3 个定子绕组的首端,三相电源就从这里引入,上排 3 个端子(U2,V2,W2)是 3 个定子绕组的尾端,需要适当

项目一 认识低压电器　　　17

的连接以形成Y接或△接。(b)图实现Y连接,(c)图实现△连接。

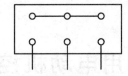 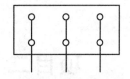

(a) 三相异步电动机接线盒布局图　(b) 三相异步电动机作星接(Y)　(c) 三相异步电动机作角接(△)

图1.12　电动机的接法

1. Y接或△接的原则

一台三相交流异步电动机的接法取决于电动机定子绕组的额定电压及供电电源的情况,具体如下:

(1) 电动机额定电压标注为380 V,要求电网线电压一定为380 V,这时采用△接。

(2) 电动机额定电压标注为220 V/380 V,电动机的接法视电网线电压而定。如果电网线电压为220 V,应采用△接;如果电网线电压为380 V,应采用Y接。

2. 决定三相异步电动机旋转方向的因素

三相异步电动机的定子绕组正确连接后,加上合适的电源电压,电动机就会旋转起来(超载情况例外),电动机的旋转方向与送电电源的相序有关。如果假设将电源a,b,c三根火线以U1,V1,W1的连接顺序送入电动机后的转向为正转,那么连接顺序调整为U1,W1,V1后,电动机就会反转,实际上,将U1,V1,W1中的任何两个对调,均会使电动机的旋转从一个方向改变到另一个方向。

【总结与思考】

1. 总结

低压电器通常指工作在交流电压1 200 V、直流电压1 500 V以下的电路中起通断、控制、保护和调节作用的电气设备。电磁式继电器(及接触器)的基本工作原理是通过线圈通电,产生磁场(磁通通过铁芯及衔铁构成的磁路),形成电磁吸力,带动触点接通和断开。其主要构成有铁芯及衔铁构成的磁路、线圈(有电压、电流线圈之分)和触头系统。

电器控制线路的表示方法有:电气原理图、电气接线图、电器布置图。电气控制线路图要遵守相关的规范。

2. 思考

(1) 当继电器通上电后,其常开触点就变为常闭触点,而常闭触点就变为常开触点,这种说法对吗?

(2) 一台电动机铭牌上标有"380/220,Y/△",请说明其表示的含义。

(3) 一台三相鼠笼异步电动机正转时的电源电源相序为U→V→W,下面哪些相序可以改变其旋转方向?

① W→U→V;② V→W→U;③ V→U→W;④ U→W→V;⑤ W→V→U。

项目二　常用电动机控制线路装调

【知识目标】
1．了解各任务相关联的低压电器的结构、作用、工作原理及其符号；
2．掌握三相异步电动机基本控制线路的工作原理。

【技能目标】
1．能够熟练识读电气原理图并进行装配；
2．能够根据电路控制要求，选择符合要求的低压电器；
3．能够根据电路控制要求，绘制典型控制线路原理图并进行装配。

任务一　小容量电动机直接启动控制线路安装调试

一、认识关联电气元件

（一）刀开关

普通刀开关是一种结构最简单且应用最广泛的手控低压电器。一般用于不频繁操作的低压电路中，用作接通和切断电源，或用来将电路与电源隔离，有时也用来控制小容量电动机（≤7.5 kW）的直接启动与停机。（适用于照明、电热设备及小容量电动机控制线路中，并起短路保护作用）。

常用的刀开关的外形、内部结构及型号含义如图2.1所示。刀开关的图形和文字符号如图2.2所示。

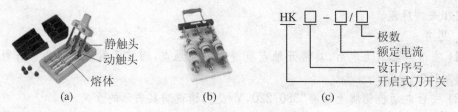

图2.1　胶盖瓷底刀开关的结构

刀开关的安装和使用要注意：
（1）垂直安装且合闸状态时手柄应朝上。（垂直安装时，手柄向上合为接通电源，向下拉为切断电源。不允许反装或平装，以防发生误合闸事故，若反装手柄，则会因为闸刀松动自然落下而误将电源接通。一般与熔断器串联使用起短路和过载保护作用。)

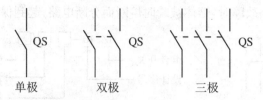

图 2.2　刀开关的图形、文字符号

(2) 电源进线接在静触头的端子上,负荷线接在与闸刀相连的动触头的端子上。(这样开关断开后闸刀和熔体上都不会带电。)

刀开关选择时应考虑以下两个方面:

(1) 刀开关结构形式的选择应根据刀开关的作用和装置的安装形式来选择,如是否带灭弧装置,若分断负载电流时,应选择带灭弧装置的刀开关。根据装置的安装形式来选择,是否是正面、背面或侧面操作形式,是直接操作还是杠杆传动,是板前接线还是板后接线的结构形式。

(2) 刀开关的额定电流的选择一般应等于或大于所分断电路中各个负载额定电流的总和。对于电动机负载,应考虑其启动电流,所以应选用额定电流大一级的刀开关。若再考虑电路出现的短路电流,还应选用额定电流更大一级的刀开关。

(二) 组合开关

组合开关实质上是一种特殊的刀开关,只不过一般刀开关的操作手柄是在垂直安装面的平面内向上或向下转动,而组合开关的操作手柄则是平行于安装面的平面内向左或向右转动而已。

组合开关多用在机床电气控制线路中,作为电源的引入开关,也可以用作不频繁地接通和断开电路、换接电源和负载以及控制 5 kW 以下的小容量电动机的正反转和星-三角启动等。组合开关的结构如图 2.3 所示。

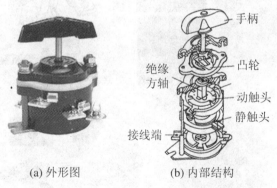

(a) 外形图　　　　(b) 内部结构

图 2.3　组合开关的结构图

组合开关的图形和文字符号如图 2.4 所示。

(三) 常用的熔断器

1. 熔断器的作用

熔断器是一种简单而有效的保护电器。在电路中主要起短路保护作用。

熔断器主要由熔体和安装熔体的绝缘管（绝缘座）组成。使用时，熔体串接于被保护的电路中，当电路发生短路故障时，熔体被瞬时熔断而分断电路，起到保护作用。

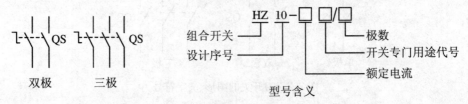

图 2.4　组合开关的图形、文字符号、规格型号

熔断器的种类有瓷插式、螺旋式、密闭管式等，如图 2.5 所示。其中瓷插式熔断器常用于 380 V 及以下电压等级的线路末端，作为配电支线或电气设备的短路保护用；螺旋式熔断器分断电流较大，可用于电压等级 500 V 及其以下、电流等级 200 A 以下的电路中，作短路保护。

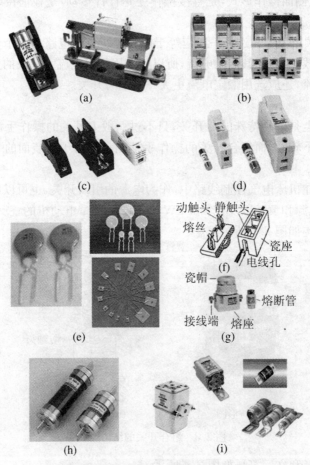

图 2.5　各种类型熔断器

(a) NT 系列有填料封闭管式熔断器；(b)~(d) RT 系列圆筒帽型熔断器；(e) 自复式熔断器；
(f) 瓷插式熔断器；(g) 螺旋式熔断器；(h) 无填料管式熔断器；(i) 快速熔断器

熔断器的图形、文字符号如图 2.6 所示。

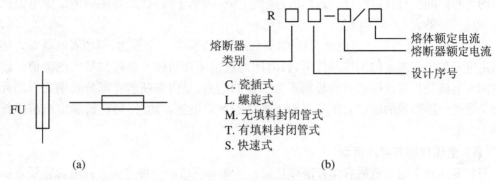

图 2.6　熔断器的文字符号、图形符号及型号含义

2. 熔断器的选择

(1) 熔断器的安秒特性。熔断器的动作是靠熔体的熔断来实现的,当电流较大时,熔体熔断所需的时间就较短;而电流较小时,熔体熔断所需的时间就较长,甚至不会熔断。因此对熔体来说,其动作电流和动作时间特性即熔断器的安秒特性,为反时限特性,如图 2.7 所示。

从这里可以看出,熔断器只能起到短路保护作用,不能起过载保护作用。如确需在过载保护中使用,必须降低其使用的额定电流,如 8 A 的熔体用于 10 A 的电路中,作短路保护兼作过载保护用,但此时的过载保护特性并不理想。

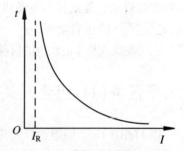

图 2.7　熔断器的安秒特性

(2) 熔断器的选择主要依据负载的保护特性和短路电流的大小选择熔断器的类型。对于容量小的电动机和照明支线,常采用熔断器作为过载及短路保护,因而希望熔体的熔化系数适当小些。通常选用铅锡合金熔体的 RQA 系列熔断器。对于较大容量的电动机和照明干线,则应着重考虑短路保护和分断能力。通常选用具有较高分断能力的 RM10 和 RL1 系列的熔断器;当短路电流很大时,宜采用具有限流作用的 RT0 和 RT12 系列的熔断器。

熔体的额定电流可按以下方法选择:

① 保护无启动过程的平稳负载如照明线路、电阻、电炉等时,熔体额定电流略大于或等于负荷电路中的额定电流。

② 保护单台长期工作的电机熔体电流可按最大启动电流选取,也可按下式选取:

$$I_{RN} \geqslant (1.5 \sim 2.5) I_N$$

式中,I_{RN} 为熔体额定电流,I_N 为电动机额定电流。如果电动机频繁启动,式中系数可适当加大至 3~3.5,具体应根据实际情况而定。

③ 保护多台长期工作的电机(供电干线):

$$I_{RN} \geqslant (1.5 \sim 2.5) I_{Nmax} + \sum I_N$$

式中,I_{Nmax} 为容量最大单台电机的额定电流,$\sum I_N$ 为其余电动机额定电流之和。

(3) 熔断器的级间配合为防止发生越级熔断、扩大事故范围,上、下级(即供电干、支线)线路的熔断器间应有良好配合。选用时,应使上级(供电干线)熔断器的熔体额定电流比下级(供电支线)的大 1~2 个级差。

必须注意,熔断器的额定电流与熔体的额定电流不是同一个概念,但两者有联系。熔体的额定电流是指在规定的工作条件下,长时间通过熔体而熔体不熔断的最大电流值。熔断器的额定电流是指保证熔断器能长期正常工作的电流,是由熔断器各部分长期工作的允许温升决定的。熔断器的额定电流不得小于熔体的额定电流。此外,熔断器额定电压应符合线路工作电压。

(四) 全压启动与降压启动

三相笼式异步电动机的启动方法有直接启动和降压启动两种方法。在电源容量足够大时,小容量(7.5 kW 以下)笼式电动机可直接启动。直接启动的优点是电气设备少,线路简单。缺点是启动电流大,引起供电系统的电压波动,干扰其他用电设备的正常工作。对于大容量(7.5 kW 以上)的异步电动机,由于启动电流较大($I_{st} = (4 \sim 7) I_N$),一般要采取降压启动的方法启动。笼式异步电动机降压启动的方法有定子串电阻启动、定子串自耦变压器启动、定子 Y-△降压启动等。

三相绕线式异步电动机的启动方法有转子串电阻启动和转子串频敏变阻器启动两种方法。

二、子任务(1):组合开关的拆装技能

以 HZ10-10/3 型组合开关为例,简单介绍其拆装过程:
(1) 松去手柄螺丝,取下手柄。
(2) 松去两边的紧固螺丝,取下盖板。
(3) 仔细观察转轴上的弹簧和凸轮的位置关系,然后取下转轴。
(4) 取出凸轮,抽出绝缘杆。
(5) 取出导板、滑板。
(6) 依次取出三层的动、静触片和绝缘垫板,注意观察三层动静触点的位置。
(7) 从底板上旋下两边的支架。拆完后,各部件如图 2.8 所示。

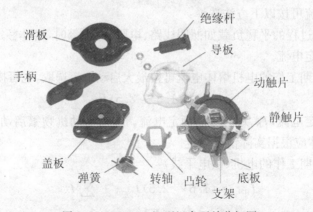

图 2.8　HZ10-10/3 型组合开关分解图

装配时按拆卸的逆序进行装配。在装配的过程中,要注意以下几点:
(1) 装配动、静触片时,一定要让每一层都处于导通位置。
(2) 插入绝缘杆时,一定要和手柄位置配合好,否则开关导通和断开时,其手柄位置会颠倒。
(3) 安装转轴和弹簧时,弹簧和凸轮的位置一定要配合好,否则弹簧将失去储能作用,开关将不能准确定位。
按上述拆装步骤,在教师的指导下完成拆装任务。装配完成后,用万用表检查开关是否正常。

三、子任务(2):小容量电动机直接启动控制线路安装调试

(一) 电路原理分析
如图 2.9 所示,电路的工作原理是:
(1) 合上电源开关 QS,电动机接通电源,电动机启动;
(2) 断开 QS,电动机断开电源,电动机断电停转。

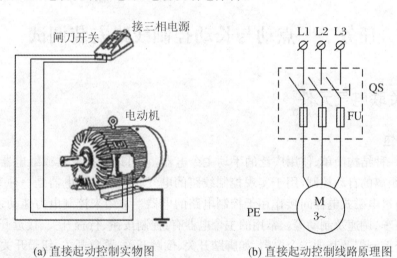

(a) 直接起动控制实物图　　　(b) 直接起动控制线路原理图

图 2.9　小容量电动机直接启动

(二) 安装调试
(1) 按图 2.9 所示的电路准备元件,检查元件是否完好。
(2) 绘制安装布置图。
(3) 安装元件。
(4) 电路接线。
(5) 检查电路的连接,确认电路接线无误。
(6) 经指导教师检查认可后,在教师监护指导下通电试车。
(7) 通电运行完毕,切断电源总开关,拆除元件和连线。
注意电动机接线中电动机定子绕组的连接方式;所有接线必须在不带电的情况下完成。

【总结与思考】

1. 总结

本任务主要介绍了刀开关、组合开关及熔断器的结构、作用、原理及安装使用要点。技能部分从组合开关的拆装和小容量电动机直接启动安装调试两个任务入手,让学生掌握相关工具和仪表的使用,掌握控制线路安装的基本方法和要求。

2. 思考

(1) 各种电器的结构设计都有一定目的性,请仔细观察实物,问:瓷底胶盖刀开关的胶盖有哪些作用?(读者在学习每一种电器时,注意观察和思考,多问"为什么",你将会有很多收获。)

(2) 在子任务(1)中,组合开关三对(三极开关)触点均为常开触点,拆装中同学们可以认真观察,想一想,如果要使该组合开关变为一常闭二常开形式(三对触点中一对为常闭,另外两队为常开),要怎样组装?

任务二 点动与长动控制线路安装调试

一、认识关联电气元件

(一) 按钮

按钮是一种结构简单、使用广泛的手动主令电器,它可以与接触器或继电器配合,对电动机实现远距离的自动控制,用于实现控制线路的电气联锁。主令电器是一种专门发布命令、直接或通过电磁式电器间接作用于控制电路的电器。常用来控制电力拖动系统中电动机的启动、停车、调速及制动等。常用的主令电器有:控制按钮、行程开关、接近开关、万能转换开关、主令控制器及其他主令电器,如脚踏开关、倒顺开关、紧急开关、钮子开关等。

如图 2.10 所示,控制按钮由按钮帽、复位弹簧、桥式触点和外壳等组成,通常做成复合式,即具有常闭触点和常开触点。按下按钮时,先断开常闭触点,后接通常开触点;按钮释放后,在复位弹簧的作用下,按钮触点自动复位的先后顺序相反。通常,在无特殊说明的情况下,有触点电器的触点动作顺序均为"先断后合"。

控制铵钮的种类很多,在结构上有揿钮式、紧急式、钥匙式、旋钮式、带灯式和打碎玻璃式按钮。

(二) 交流接触器

接触器是一种自动的电磁式开关,适用于远距离频繁地接通或断开交直流主电路及大容量控制电路,其主要控制对象是电动机。此外,接触器还具有欠压、失压保护功能。

接触器有交流接触器和直流接触器之分。

交流接触器的外形、内部结构、符号以及型号含义如图 2.11 所示。

项目二 常用电动机控制线路装调

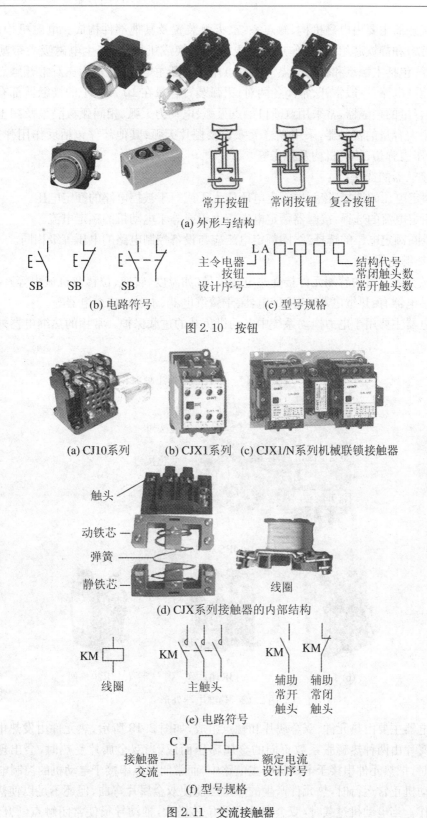

图 2.10 按钮

图 2.11 交流接触器

交流接触器主要由电磁机构、触点系统、灭弧装置及其他部件构成。电磁机构由线圈、动铁芯(衔铁)和静铁芯组成,其作用是将电磁能转换成机械能,产生电磁吸力带动触点动作;触点系统包括主触点和辅助触点。主触点用于通断主电路,通常为三对常开触点。辅助触点用于控制电路,一般常开、闭各两对;灭弧装置容量在 10 A 以上的接触器都有灭弧装置,对于小容量的接触器,常采用双断口触点灭弧、电动力灭弧、相间弧板隔弧及陶土灭弧罩灭弧。对于大容量的接触器,采用纵缝灭弧罩及栅片灭弧;其他部件包括反作用弹簧、缓冲弹簧、触点压力弹簧、传动机构及外壳等。

交流接触器的选择:

(1) 额定电压的选择:接触器额定电压应大于或等于被控电路的额定电压。

(2) 额定电流的选择:接触器额定电流应大于或等于电动机的额定电流。

(3) 线圈额定电压的选择:线圈额定电压应与设备控制电路的电压等级相同。

(三) 热继电器

非电磁类继电器的感测元件接受非电量信号(如温度、转速、位移及机械力等)。常用的非电磁类继电器有:热继电器、速度继电器、干簧继电器、永磁感应继电器等。

热继电器主要用于电力拖动系统中电动机负载的过载保护。常用的热继电器外形如图 2.12 所示。

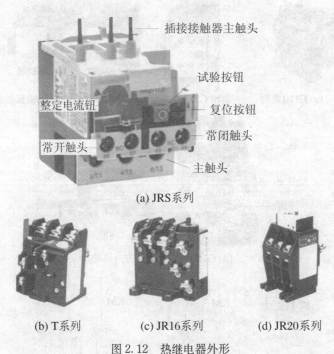

图 2.12 热继电器外形

热继电器主要由热元件、双金属片和触点组成,如图 2.13 所示,热元件由发热电阻丝做成。双金属片由两种热膨胀系数不同的金属辗压而成,当双金属片受热时,会出现弯曲变形。使用时,把热元件串接于电动机的主电路中,而常闭触点串接于电动机的控制电路中。

当电动机正常运行时,热元件产生的热量虽能使双金属片弯曲,但还不足以使热继电器的触点动作。当电动机过载时,双金属片弯曲位移增大,推动导板使常闭触点断开,从而切断电动机控制电路以起保护作用。热继电器动作后一般不能自动复位,要等双金属片冷却后按下复位按钮复位。热继电器动作电流的调节可以借助旋转凸轮于不同位置来实现。

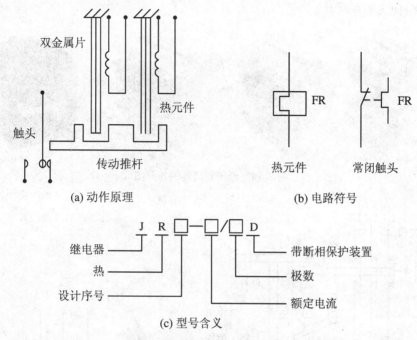

图 2.13 热继电器的动作原理、电路符号及型号含义

热继电器的选用:
(1) 热继电器的额定电流略大于电动机的额定电流。
(2) 一般情况下,热元件的整定电流为电动机额定电流的 0.95~1.05 倍。若电动机的启动时间太长,热元件的整定电流为电动机额定电流的 1.1~1.5 倍,电动机的过载能力差可取 0.6~0.8 倍。
(3) 电动机定子绕组做星形连接,选用普通三相结构的热继电器。若电动机定子绕组做三角形连接,选用三相结构带断相保护的热继电器。

(四) 低压断路器

低压断路器也称为自动空气开关,可用来接通和分断负载电路,也可用来控制不频繁启动的电动机。它的功能相当于闸刀开关、过电流继电器、失压继电器、热继电器及漏电保护器等电器部分或全部的功能总和,是低压配电网中一种重要的保护电器。

低压断路器具有多种保护功能(过载、短路、欠电压保护等)、动作值可调、分断能力高、操作方便、安全等优点,所以目前被广泛应用。低压断路器的外形如图 2.14 所示。

如图 2.15 所示,低压断路器的主触点是靠手动操作或电动合闸的。主触点闭合后,自由脱扣机构将主触点锁在合闸位置上。过电流脱扣器(短路保护)的线圈和热脱扣器(过载保护)的热元件与主电路串联,欠电压脱扣器的线圈和电源并联。当电路发生短路或严重过载时,过电流脱扣器的衔铁吸合,使自由脱扣机构动作,主触点断开主电路。当电路过载时,热脱扣器的热元件发热使双金属片向上弯曲,推动自由脱扣机构动作。当电路欠电压时,欠电压脱扣器的衔铁释放,也使自由脱扣机构动作。励磁脱扣器则作为远距离控制用,在正常工作时,其线圈是断电的,在需要距离控制时,按下启动按钮,使线圈通电,衔铁带动自由脱扣机构动作,使主触点断开。

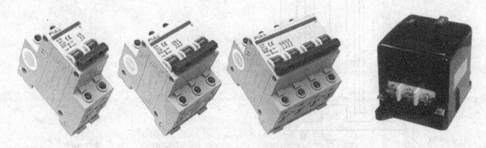

图2.14 低压断路器的外形图

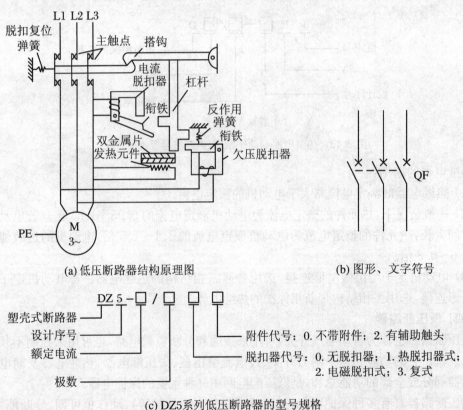

(a) 低压断路器结构原理图　　　　　　　(b) 图形、文字符号

(c) DZ5系列低压断路器的型号规格

图2.15 低压断路器的原理图、符号及型号

低压断路器的选用原则:

(1) 根据线路对保护的要求确定断路器的类型和保护形式——确定选用框架式、装置式或限流式等。

(2) 断路器的额定电压 UN 应等于或大于被保护线路的额定电压。

(3) 断路器欠压脱扣器额定电压应等于被保护线路的额定电压。

(4) 断路器的额定电流及过流脱扣器的额定电流应大于或等于被保护线路的计算电流。

(5) 断路器的极限分断能力应大于线路的最大短路电流的有效值。

(6) 配电线路中的上、下级断路器的保护特性应协调配合,下级的保护特性应位于上级保护特性的下方且不相交。

(7) 断路器的长延时脱扣电流应小于导线允许的持续电流。

(五) 漏电保护装置

1. 漏电保护装置的作用

漏电保护是利用漏电保护装置来防止电气事故的一种安全技术措施。漏电保护装置又称为剩余电流保护装置(简写为 RCD)。漏电保护装置是一种低压安全保护电器,其作用有:

(1) 用于防止由漏电引起的单相电击事故;

(2) 用于防止由漏电引起的火灾和设备烧毁事故;

(3) 用于检测和切断各种一相接地故障;

(4) 有的漏电保护装置还可用于过载、过压、欠压和缺相保护。

2. 漏电保护装置的组成

电气设备漏电时,将呈现出异常的电流和电压信号。漏电保护装置通过检测此异常电流或异常电压信号,经信号处理,促使执行机构动作,借助开关设备迅速切断电源。实施漏电保护根据故障电流动作的漏电保护装置是电流型漏电保护装置,根据故障电压动作的是电压型漏电保护装置。目前,国内外广泛使用的是电流型漏电保护装置。下面主要对电流型漏电保护装置(即 RCD)进行介绍。

其构成主要有三个基本环节,即检测元件、中间环节(包括放大元件和比较元件)和执行机构。其次,还具有辅助电源和试验装置。

(1) 检测元件。它是一个零序电流互感器,如图 2.16 所示。图中,被保护主电路的相线和中性线穿过环行铁芯构成了互感器的一次线圈 N_1,均匀缠绕在环行铁芯上的绕组构成了互感器的二次线圈 N_2。检测元件的作用是将漏电电流信号转换为电压或功率信号输出给中间环节。

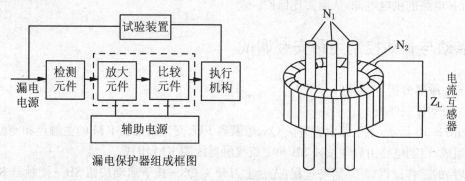

图 2.16 漏电保护的构成

(2) 中间环节。其功能是对检测到的漏电信号进行处理。中间环节通常包括放大器、比较器、脱扣器(或继电器)等。不同类型的漏电保护装置在中间环节的具体构成上各不相同。

(3) 执行机构。该机构用于接收中间环节的指令信号,实施动作,自动切断故障处的电源。执行机构多为带有分励脱扣器的自动开关或交流接触器。

(4) 辅助电源。当中间环节为电子式时,辅助电源的作用是提供电子电路工作所需的低压电源。

(5) 试验装置。这是对运行中的漏电保护装置进行定期检查时所使用的装置。通常是用一只限流电阻和检查按钮相串联的支路来模拟漏电的路径,以检验装置能否正常动作。

3. 漏电保护装置的工作原理

图 2.17 是某三相四线制供电系统的漏电保护电气原理图。图中 TA 为零序电流互感器,GF 为主开关,TL 为主开关 GF 的分励脱扣器线圈。

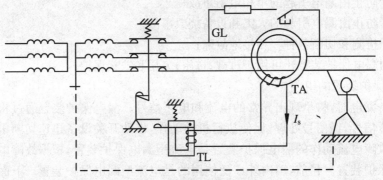

图 2.17 漏电保护的工作原理

在被保护电路工作正常、没有发生漏电或触电的情况下,由克希荷夫定律可知,通过 TA 一次侧电流的相量和等于零,即 $I_{L1} + I_{L2} + I_{L3} + I_N = 0$。此时,TA 二次侧不产生感应电动势,漏电保护装置不动作,系统保持正常供电。当被保护电路发生漏电或有人触电时,由于漏电电流的存在,通过 TA 一次侧各相负荷电流的相量和不再等于零,即 $I_{L1} + I_{L2} + I_{L3} + I_N \neq 0$ 产生了剩余电流,TA 二次侧线圈就有感应电动势产生,此信号经中间环节进行处理和比较,当达到预定值时,使主开关分励脱扣器线 TL 通电,驱动主开关 GF 自动跳闸,迅速切断被保护电路的供电电源,从而实现保护。

二、点动与长动控制线路安装调试

(一) 原理分析

1. 点动控制线路

如图 2.18 所示,主电路由刀开关 QS、熔断器 FU、交流接触器 KM 的主触点和笼型电动机 M 组成;控制电路由启动按钮 SB 和交流接触器线圈 KM 组成。

线路的工作过程如下,启动过程:先合上刀开关 QS→按下启动按钮 SB→接触器 KM 线圈通电→KM 主触点闭合→电动机 M 通电直接启动。

停机过程如下:松开 SB→KM 线圈断电→KM 主触点断开→M 停电停转。

按下按钮,电动机转动,松开按钮,电动机停转,这种控制就叫点动控制,它能实现电动机短时转动,常用于机床的对刀调整和电动葫芦等。

2. 自锁(长动)控制线路

在实际生产中往往要求电动机实现长时间连续转动,即所谓长动控制。如图 2.19 所示,主电路由开关 QS、熔断器 FU、接触器 KM 的主触点、热继电器 FR 的发热元件和电动机 M 组成,控制电路由停止按钮 SB2、启动按钮 SB1、接触器 KM 的常开辅助触点和线圈、热继电器 FR 的常闭触点组成。

工作过程如下:

启动:合上刀 QS→按下启动按钮 SB1→接触器 KM 线圈通电→KM 主触点闭合和常开辅助触点闭合→电动机 M 接通电源运转;(松开 SB1)利用接通的 KM 常开辅助触点自锁、电动机 M 连续运转。

停机:按下停止按钮 SB2→KM 线圈断电→KM 主触点和辅助常开触点断开→电动机 M 断电停转。

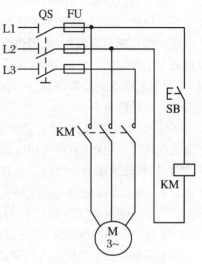

图 2.18 点动控制线路

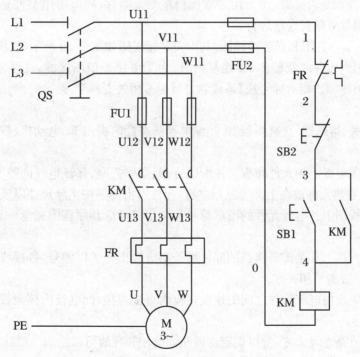

图 2.19 连续运行控制线路

在连续控制中,当启动按钮 SB1 松开后,接触器 KM 的线圈通过其辅助常开触点的闭合仍继续保持通电,从而保证电动机的连续运行。这种依靠接触器自身辅助常开触点的闭合而使线圈保持通电的控制方式,称自锁或自保。起到自锁作用的辅助常开触点称自锁触点。

线路设有以下保护环节：

短路保护：短路时熔断器 FU 的熔体熔断而切断电路起保护作用。

电动机长期过载保护：采用热继电器 FR。由于热继电器的热惯性较大，即使发热元件流过几倍于额定值的电流，热继电器也不会立即动作。因此在电动机启动时间不太长的情况下，热继电器不会动作，只有在电动机长期过载时，热继电器才会动作，用它的常闭触点断开使控制电路断电。

欠电压、失电压保护：通过接触器 KM 的自锁环节来实现。当电源电压由于某种原因而严重欠电压或失电压（如停电）时，接触器 KM 断电释放，电动机停止转动。当电源电压恢复正常时，接触器线圈不会自行通电，电动机也不会自行启动，只有在操作人员重新按下启动按钮后，电动机才能启动。本控制线路具有如下三个优点：

（1）防止电源电压严重下降时，电动机欠电压运行；

（2）防止电源电压恢复时，电动机自行启动而造成设备和人身事故；

（3）避免多台电动机同时启动造成电网电压的严重下降。

（二）电路的安装与调试

（1）按图 2.19 所示的电路将所需元件准备好，检查元件数量、规格是否符合控制电路要求，检查元件外观是否完好，用万用表欧姆挡检测元器件，确保所用器件是正常的。在电气原理图中按编号原则对线路进行编号。

（2）绘制电器布置图和安装接线图，其中安装接线图如图 2.20 所示（仅供参考）。

安装接线图当元件涉及较多、接线复杂时，为了更便于识图接线，往往采用"相对标号法"，不再用线条连接，"相对标号法"请读者自行参考相关资料学习。

具体要求如下：

① 电源开关、熔断器、交流接触器、热继电器画在配电板内部，电动机、按钮画在配电板外部。

② 安装在配电板上的元件布置应按配线合理、操作方便、保证电气间隙不能太小、重的元件放在下部、发热元件放在上部等原则进行，元件所占面积按实际尺寸以统一比例绘制。

③ 安装接线图中各电气元件的图形符号和文字符号应和原理图完全一致，并符合国家标准。

④ 各电气元件上凡是需要接线的部件端子都应绘出并予以编号，各接线端子的编号必须与原理图的导线编号相一致。

⑤ 电气配电板内电气元件之间的连线在板内直接连接，配电板内接至板外的连线通过接线端子板进行。

⑥ 因配电线路连线太多，所以规定走向相同的相邻导线可以绘成一股线。

（3）根据布置图进行安装接线。

电器元件安装可按下列步骤进行：

① 底板选料、裁剪。实训时一般选用层压板或木板。

② 定位。根据电器产品说明书上的安装尺寸，用划针确定安装孔的位置，再用样冲冲眼以固定钻孔中心。

③ 钻孔。确定电器元件的安装位置后，在钻床上（或用电钻）钻孔。

④ 固定。用固定螺栓把电器元件按确定的位置(安装前应核对器件的型号、规格,检查其性能是否良好)逐个固定在底板上。

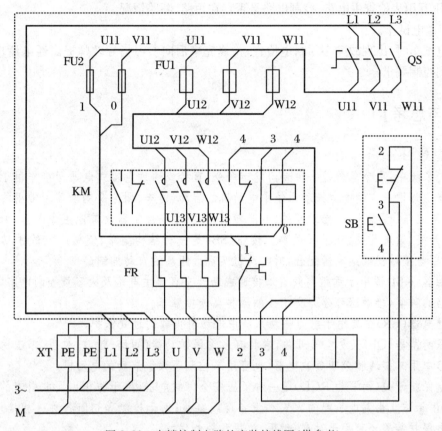

图 2.20 自锁控制电路的安装接线图(供参考)

在进行电气控制板安装配线时,一般采用明配线即板前配线。安装明配线的一般步骤如下:

① 考虑好元器件之间连接线的走向、路径;导线应尽可能不重叠交叉、不架空,做到横平竖直。

② 选取合适的导线:主电路、控制电路的导线按要求选择其线径、颜色,按钮至端子排间的连线可用多芯软线(铜线)。

③ 根据导线的走向和路径,量取连接点之间的长度,截取适当长度的导线并理直。用尖嘴钳将每个转角都弯成 90°角(尤其要注意不能破坏导线的绝缘层)。

④ 用电工刀或剥线钳剥去两端的绝缘层(剥弃的绝缘层长度要适中,芯线连接在电器上,保证既要接触良好,露芯又不要太长),套上与原理图相对应的号码套管。

⑤ 配线完毕后,根据图样检查接线是否正确。

(4) 安装检查电气控制板。

电气控制板全部安装完毕后,必须进行认真的检查,一般分以下几个方面:

① 清理电气控制板及周围的环境。

② 对照原理图与接线图检查各电器元件的安装配线是否正确、可靠；检查线号、端子号是否正确。

③ 用万用表检查主电路、控制电路是否存在短路、断路情况。

(5) 通电试车。

通电试车时，出现故障必须断电检查，检修完毕后向实习指导教师提出通电请求，直到试车达到控制要求。

【总结与思考】

1. 总结

控制系统中，主令电器是一种专门发布命令、直接或通过电磁式电器间接作用于控制电路的电器。常用来控制电力拖动系统中电动机的启动、停车、调速及制动等。常用的主令电器有：控制按钮、行程开关、接近开关、万能转换开关、主令控制器及其他主令电器，如脚踏开关、倒顺开关、紧急开关、钮子开关等。按钮(SB)是一种结构简单、使用广泛的手动主令电器，它可以与接触器或继电器配合，对电动机实现远距离的自动控制。

接触器(KM)适用于远距离频繁地接通或断开交直流主电路及大容量控制电路，按照所控制电路的种类，接触器可分为交流接触器和直流接触器。

热继电器(FR)主要用于电力拖动系统中电动机负载的过载保护。

低压断路器(QF)又称空气开关，它具有多重保护功能（短路、过载、欠压/零压保护），在低压电路中用来接通和分断负载电路，也可用来控制不频繁启动的电动机。

漏电保护开关（简写为 RCD）是一种低压安全保护电器，用于防止由漏电引起的单相电击事故；用于防止由漏电引起的火灾和设备烧毁事故；用于检测和切断各种一相接地故障；有的漏电保护装置还可用于过载、过压、欠压和缺相保护。

点动与长动控制主要在于控制电路中是否设置了自锁，实现自锁是在启动按钮（自动复位）两端并接触器的常开触点。

2. 思考

(1) 自锁触点不用常开，改用常闭触点，会出现什么现象？

(2) 电路安装完毕并通过检查后，当接通电源开关 QS（或 QF）后，未按启动按钮前，自锁触点两端（即启动按钮两端）的电压是多少？按下启动按钮后，电动机正常运转时，该两点的电压又为多少？此时，KM 线圈两端电压为多少？

(3) 控制电路电源取自于主电路的两相，如果控制电路电源两端都错接在同一相上，会出现什么现象？当控制电路两端中一端接在 KM 主触点之后的另一相上，又会出现什么现象？

(4) 具有断相保护功能的热继电器的断相保护是防止电动机一相故障造成的危害，请说明电动机一相断线后会带来什么危害。

(5) 自锁控制电路安装调试成功后，在已安装好的电路基础上，去掉自锁部分，观察点动动作效果，请陈述你的操作及现象。

任务三 兼有点动与长动的控制线路安装调试

一、认识关联电气元件

(一) 中间继电器

中间继电器触头容量较小(不大于 5 A),无灭弧装置,且触头数量多,触点没有主、辅之分,所以,中间继电器常用于切换小电流的控制电路(接触器则用来控制大电流电路),在控制电路中多用于控制触点的扩展、控制功能的延伸。中间继电器的外形、图形、文字符号如图 2.21 所示。

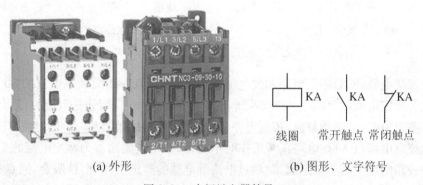

(a) 外形　　　　　　　　(b) 图形、文字符号

图 2.21　中间继电器符号

(二) 电压继电器

电压继电器用于电力拖动系统的电压保护和控制。其线圈并联接入主电路,感测主电路的线路电压;触点接于控制电路,为执行元件。

按吸合电压的大小,电压继电器可分为过电压继电器和欠电压继电器。

过电压继电器(FV)用于线路的过电压保护,其吸合整定值为被保护线路额定电压的 1.05~1.2 倍。当被保护的线路电压正常时,衔铁不动作;当被保护线路的电压高于额定值,达到过电压继电器的整定值时,衔铁吸合,触点机构动作,控制电路失电,控制接触器及时分断被保护电路。

欠电压继电器(KV)用于线路的欠电压保护,其释放整定值为线路额定电压的 0.1~0.6。当被保护线路电压正常时,衔铁可靠吸合;当被保护线路电压降至欠电压继电器的释放整定值时,衔铁释放,触点机构复位,控制接触器及时分断被保护电路。

零电压继电器当电路电压降低到 5%~25% UN 时释放,对电路实现零电压保护。用于线路的失压保护。

中间继电器实质上是一种电压继电器。它的特点是触点数目较多,电流容量可增大,起到中间放大(触点数目和电流容量)的作用。电压继电器的图形、文字符号如图 2.22(c),(d)所示。

(三) 电流继电器

电流继电器用于电力拖动系统的电流保护和控制。其线圈串联接入主电路，用来感测主电路的线路电流；触点接于控制电路，为执行元件。电流继电器反映的是电流信号。常用的电流继电器有欠电流继电器和过电流继电器两种。

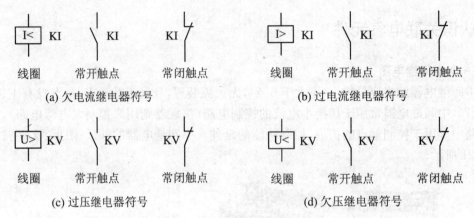

图 2.22　电压继电器的图形、文字符号

欠电流继电器（KA）用于电路起欠电流保护，吸引电流为线圈额定电流的 30%～65%，释放电流为额定电流的 10%～20%，因此，在电路正常工作时，衔铁是吸合的，只有当电流降低到某一整定值时，继电器释放，控制电路失电，从而控制接触器及时分断电路。

过电流继电器（FA）在电路正常工作时不动作，整定范围通常为额定电流的 1.1～4 倍。当被保护线路的电流高于额定值，达到过电流继电器的整定值时，衔铁吸合，触点机构动作，控制电路失电，从而控制接触器及时分断电路，对电路起过流保护作用。

JT4 系列交流电磁继电器适合于交流 50 Hz、380 V 及以下的自动控制回路中作零电压、过电压、过电流和中间继电器使用，过电流继电器也适用于 60 Hz 交流电路。

通用电磁式继电器有 JT3 系列直流电磁式和 JT4 系列交流电磁式继电器，均为老产品。新产品有 JT9、JT10、JL12、JL14、JZ7 等系列，其中 JL14 系列为交直流电流继电器，JZ7 系列为交流中间继电器。电流继电器图形文字符号如图 2.22(a)、(b)所示。

二、兼有点动与长动的控制线路安装调试

（一）原理分析

在生产实践中，机床调整完毕后，需要连续进行切削加工，则要求电动机既能实现点动又能实现长动。点动和自锁结合的控制线路几种电路结构如图 2.23 所示。

图 2.23(a)的线路比较简单，采用钮子开关 SA 实现控制。点动控制时，先把 SA 打开，断开自锁电路→按动 SB2→KM 线圈通电→电动机 M 点动；长动控制时，SA 合上→按动 SB2→KM 线圈通电，自锁触点起作用→电动机 M 实现长动。

图 2.23(b)的线路采用复合按钮 SB3 实现控制。点动控制时，按动复合按钮 SB3，断开自锁回路→KM 线圈通电→电动机 M 点动；长动控制时，按动启动按钮 SB2→KM 线圈通

电,自锁触点起作用→电动机 M 长动运行。此线路在点动控制时,若接触 KM 的释放时间大于复合按钮的复位时间,则点动结束,SB3 松开时,SB3 常闭触点已闭合但接触器 KM 的自锁触点尚未打开,会使自锁电路继续通电,则线路不能实现正常的点动控制。

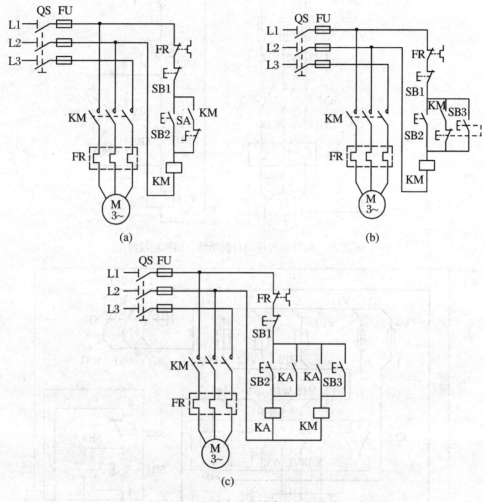

图 2.23 点动和长动结合的控制线路

图 2.23(c)的线路采用中间继电器 KA 实现控制。点动控制时,按动启动按钮 SB3→KM 线圈通电→电动机 M 点动。长动控制时,按动启动按钮 SB2→中间继电器 KA 线圈通电并自锁→KM 线圈通电→M 实现长动。此线路多用了一个中间继电器,但工作可靠性却提高了。

（二）电路安装与调试

现以图 2.23(b)为安装调试电路,编号后的电路如图 2.24 所示,此处我们把原图中 QF 改为了常见的空气开关 QF,除此之外,我们在主电路、控制电路中均单独设置了短路保护 FU1,FU2。安装接线图参考图 2.25。

电路安装与调试的步骤与要求参考本项目任务二。

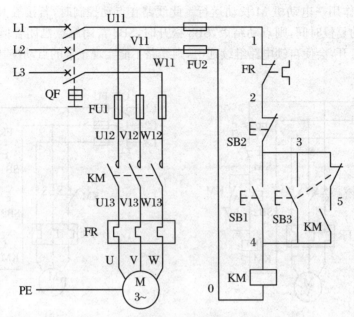

图 2.24 编号后的点动与长动结合的控制线路

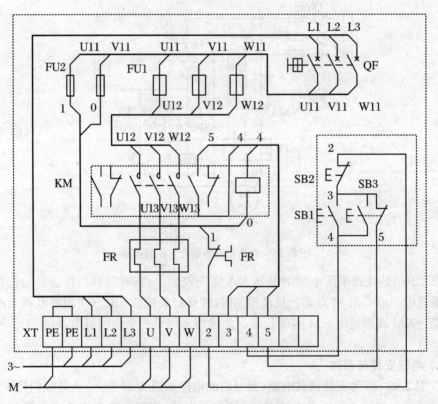

图 2.25 安装接线图(供参考)

简单的控制电路可以按回路进行接线,例如本任务中,先完成"FU2(1号线上端)—FR 常闭—SB2—SB1—KM 线圈"回路的接线,而后再接与启动按钮 SB1 并联的 SB3 的常开,最后再接 SB3 常闭串 KM 常开触点之路。

上述按回路接线的方法,在控制电路回路不多时较合适,当控制电路回路数多、电路复杂时较容易出错。此时,一般采用第二种方法,即以等电位编号的点为主的接线方法。例如在本任务中,控制电路我们按照从"0"号电位点到"4"号电位点的顺序,依次完成接线,每一个电位所及连线全部接完,形成一个"点"后,再继续下一个电位点的接线。这种方法接线,思路清晰,电路接线不易出错。

【总结与思考】

1. 总结

中间继电器常用于切换小电流的控制电路,在控制电路中主要用于控制触点的扩展,其触点没有主、辅之分,触点容量一般为 5 A;电压继电器有过电压和欠电压继电器,电压继电器线圈并联在电路中。电压继电器用于电力拖动系统的电压保护和控制;电流继电器有过电流和欠电流继电器,电流继电器线圈串联在电路中。电流继电器用于电力拖动系统的电流保护和控制。

中间继电器、电压继电器以及前面介绍的接触器等,它们的线圈均为电压线圈。电压线圈在结构上和安装使用上都和电流线圈不同,具有电压线圈的电器,其线圈并联接入电路,反映电压变化而动作。而电流线圈却串联在电路中,反应电流变化而动作,诸如本任务中的电流继电器、QF 中的电磁脱扣器线圈等均为电流型线圈。

2. 思考

(1) 请你算一下,图 2.24 中控制电路部分一共用到多少根导线(不论长短)。

(2) 从图 2.25 中可以清楚地看到,从按钮盒(SB1,SB2,SB3 装在一个金属盒内,即所谓三联按钮)中引出线一共有 3 根,想一想,如果安装图 2.23(a)和(c)中的电路,那么从按钮盒中引出到端子排上的电线分别应该是几根?

任务四 正反转电路安装与调试

在实际应用中,往往要求生产机械改变运动方向,如工作台的前进、后退,电梯的上升、下降等,这就要求电动机能实现正、反转。

对于三相异步电动机来说,可通过两个接触器来改变电动机定子绕组的电源相序实现。电源相序的改变,是通过对调接入电动机的两根进线实现的。

一、原理分析

(一) 无互锁的电动机控制线路

如图 2.26 所示,正转控制:合上开关 QS→按下正向启动按钮 SB2→正向接触器 KM1

通电→KM1,主触点和自锁触点闭合→电动机 M 正转。

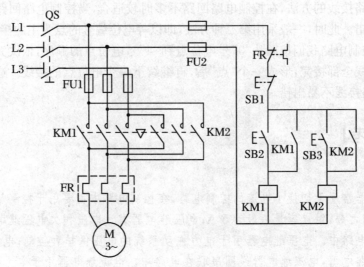

图 2.26　无互锁的电动机正反转控制线路

反转控制:合上开关 QS→按下反向启动按钮 SB3→正向接触器 KM2 通电→KM2,主触点和自锁触点闭合→电动机 M 反转。

停机:按停止按钮 SB1→KM1(或 KM2)断电→M 停转。

该控制线路的缺点是,若误操作会使 KM1 与 KM2 都通电,从而引起主电路电源短路,为此要求线路设置必要的联锁环节。(请读者用虚线表示出 KM1,KM2 同时接通时的短路路径。)

(二) 有电气互锁的电动机正反转控制线路

如图 2.27 所示,将任何一个接触器的辅助常闭触点串入对应另一个接触器线圈电路中,则其中任何一个接触器先通电后,切断了另一个接触器的控制回路,即使按下相反方向

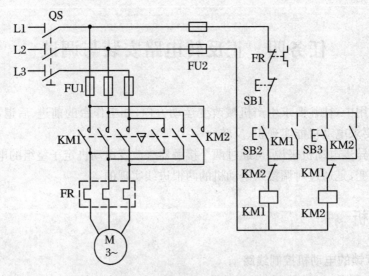

图 2.27　有电气互锁的电动机正反转控制线路

的启动按钮,另一个接触器也无法通电,这种利用两个接触器的辅助常闭触点互相控制的方式,叫电气互锁,或叫电气联锁。起互锁作用的常闭触点叫互锁触点。另外,该线路只能实现"正→停→反"或者"反→停→正"控制,即必须按下停止按钮后,再反向或正向启动。这对需要频繁改变电动机运转方向的设备来说,是很不方便的。

(三) 具有双重互锁的电动机控制线路

为了提高生产率,直接正、反向操作,利用复合按钮组成"正→反→停"或"反→正→停"的互锁控制。如图 2.28 所示,复合按钮的常闭触点同样起到互锁的作用,这样的互锁叫机械互锁。该线路既有接触器常闭触点的电气互锁,也有复合按钮常闭触点的机械互锁,即具有双重互锁。该线路操作方便,安全可靠,故应该广泛使用。

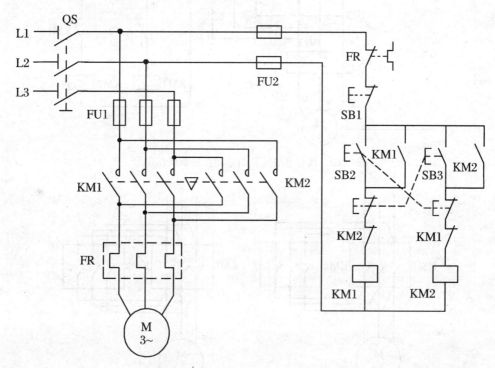

图 2.28 具有双重互锁的电动机控制线路

如果 KM1 对应电动机正转,假设电动机现正处于正转状态,要从正转直接切换为反转,直接按下 SB3,SB3 的常闭先断开,KM1 断电,KM1 常闭接通(互锁解除),SB3 常开接通时,因 KM1 常闭已接通,故 KM2 线圈通电并自锁,电动机切换为反转。由反转直接切换到正转的情况类似,请读者自行分析。

二、电路安装调试

本任务以图 2.27 为例。电路编号后如图 2.29 所示。

特别注意,在主电路接线中,电源调相,可以在 KM1,KM2 之前调,也可在 KM1,KM2 之后调,但只能调一侧,不能两侧都调。如图 2.30 所示。

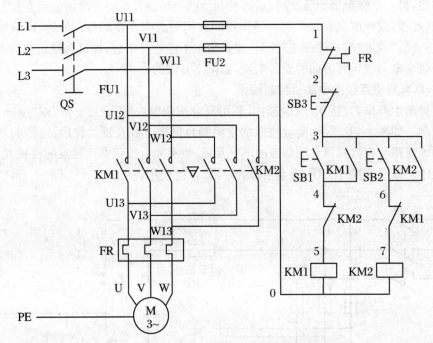

图 2.29 具有电气互锁的电动机控制线路编号

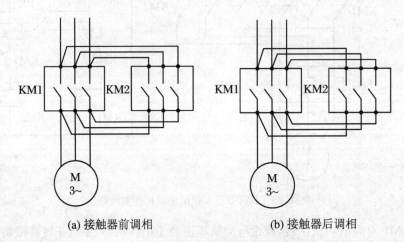

(a) 接触器前调相   (b) 接触器后调相

图 2.30 两种调相方法

请按前述要求和步骤安装接线。安装布线图(仅供参考)如图 2.31 所示。图 2.32 为已接线的电动机正反转实物图。

【总结与思考】

1. 总结

电动机正反转在实际中应用广泛。通过改变电源的相序以达到改变电动机旋转磁场方向,进而实现转向的改变。具体实现是通过对调接入电动机的电源线中的两相来完成的。

项目二　常用电动机控制线路装调

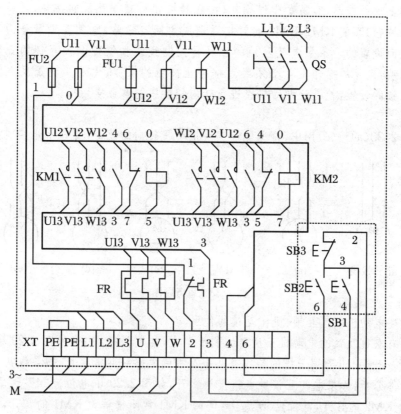

图2.31　具有电气互锁的电动机控制线路安装接线图

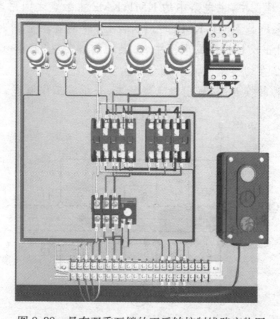

图2.32　具有双重互锁的正反转控制线路实物图

不带互锁的正反转控制,容易发生误操作(按正转按钮后直接按反转按钮,或按正转按钮后直接按反转按钮)而使 KM1,KM2 同时接通造成主回路短路,电气互锁就是为了防止上述情况的发生而设置的。不带电气互锁的正反转控制线路和仅带电气互锁的正反转控制线路,在进行转向改变的操作上都必须经过按停止按钮的操作,无法实现正反之间的直接切换。机械互锁的设置,就是让电动机在进行转向切换中能够直接切换。

2. 思考

(1) 图 2.33(a)~(e)图中,哪些能够实现电动机转向的改变,哪些不能实现?

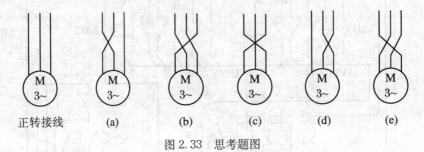

图 2.33 思考题图

(2) 叙述电动机电气互锁、机械互锁的作用。

(3) 具有双重互锁的电动机正反转控制线路中,控制线路部分(如图 2.29 中 FU2 之后的部分)从按钮盒引出到端子排的导线有几根?控制电路一共需要长、短导线共多少根?

(4) 请你分析:如果电气互锁触点错接为常开,如图 2.29 中电位点"4""5"之间的 KM2 常闭错解为 KM2 的常开,电位点"6""7"之间的 KM1 常闭错解为 KM1 的常开,问电路通电后会出现什么现象?

(5) 正反转控制原理图中,主电路中的 KM1,KM2 主触点之间用虚线相连,并在虚线上有一"∇"符号,表示的意思是 KM1,KM2 之间有互锁,即两者不能同时接通。请问,在具有双重互锁功能的电动机正反转控制原理图中,当操作电路实现"正转↔反转"切换时,如何保证不会出现 KM1,KM2 在切换瞬间同时接通情况?

(6) 图 2.34 为一种转换开关,画出触点通断表,分析其工作原理。

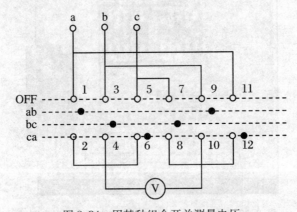

图 2.34 用某种组合开关测量电压

(7) 图 2.35 为倒顺开关控制的电动机正反转电路,请仔细观察实物,用万用表测试在操作手柄置于不同位置时其触点的通断情况,并说明其工作原理。

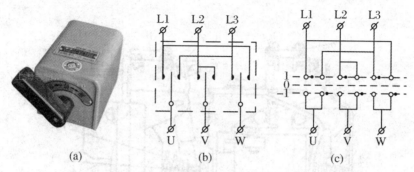

图 2.35 倒顺开关控制的电机正反转

任务五 顺序联锁控制电路安装调试

一、时间继电器

时间继电器是一种利用电磁原理或机械动作原理实现触点延时接通或断开的自动控制电器,其种类很多,常用的有电磁式、空气阻尼式、电动式和晶体管式等。JS7 型是控制线路中常用的一种空气阻尼式时间继电器,其外形如图 2.36 所示。

图 2.36 JS7 型空气阻尼式时间继电器的外形图

空气阻尼式时间继电器,是利用空气阻尼原理获得延时的。它由电磁系统、延时机构和触点三部分组成,电磁机构为直动式双 E 型,触点系统是借用 LX5 型微动开关,延时机构采用气囊式阻尼器,如图 2.37 所示。

空气阻尼式时间继电器,既具有由空气室中的气动机构带动的延时触点,也具有由电磁机构直接带动的瞬动触点,可以做成通电延时型,也可做成断电延时型。电磁机构可以是直流的,也可以是交流的。

选用时间继电器时应注意:其线圈(或电源)的电流种类和电压等级应与控制电路相同;

按控制要求选择延时方式和触点形式;校核触点数量和容量,若不够时,可用中间继电器进行扩展。

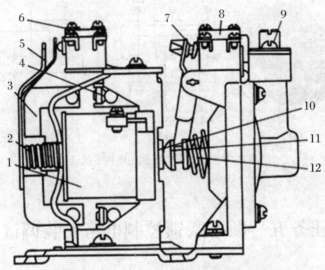

图 2.37 JS7 型空气阻尼式时间继电器结构图
1.线圈;2.反力弹簧;3.衔铁;4.静铁芯;5.弹簧片;6,8.微动开关;
7.杠杆;9.调节螺钉;10.推杆;11.活塞杆;12.宝塔弹簧

空气阻尼式时间继电器图形符号、文字符号以及型号含义如图 2.38 所示。

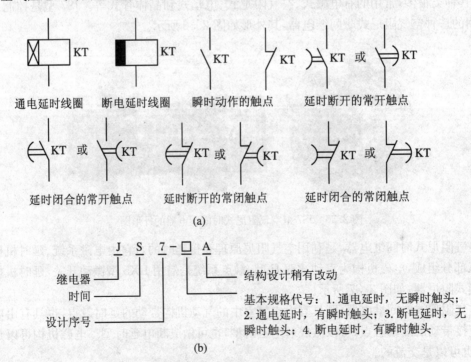

图 2.38 时间继电器的图形符号、文字符号以及型号含义

二、顺序连锁控制

在生产实践中,有时要求一个拖动系统中多台电动机实现先后顺序工作。例如,机床中要求润滑电动机启动后,主轴电动机才能启动。实践中可以采用接触器触点和时间继电器触点等实现顺序连锁。

多台电动机按既定的顺序启动或停止。启动中,前面的电机未启动,后面的不会(不能)启动。例如,3台电动机,编号分别为M1,M2,M3,要求按M1→M2→M3顺序启动,如果M1未启动,则M2无法启动。同理,如果M1,M2未启动,则M3无法启动,此即为顺序启动,根据要求,可以同时停止,也可以逆序停止。

电动机顺序控制在实践中的应用,例如皮带输煤系统,如图2.39所示。为了使煤粉在三段皮带上不出现堆积,要求按M1→M2→M3顺序启动,按M3→M2→M1顺序停止。这就是一个典型的顺序控制实例。

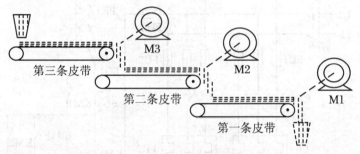

图2.39 皮带输煤示意图

三、原理分析

(1) 利用接触器触点实现的顺序控制线路

如图2.40所示,图(a)主要通过接触器触点实现顺序控制,图(b)主要通过电路结构的安排来实现顺序控制,图(c)是顺序启动、逆序停止控制。

如图2.40(a)所示,接触器KM1控制电动机M1的启动、停止;接触器KM2控制电动机M2的启动、停止。现要求电动机M1启动后,电动机M2才能启动。

工作过程如下:

合上开关QS→按下启动按钮SB2→接触器KM1通电并自锁→电动机M1启动→KM1常开辅助触点闭合(连锁触点)→按下启动按钮SB4→接触器KM2通电并自锁→电动机M2启动。

按下停止按钮SB1,两台电动机同时停止。如改用图(b)线路的接法,可以省去接触器KM1的常开触点,使线路得到简化,图(b)的动作原理请读者自行分析。

电动机顺序控制的接线规律是:

① 要求接触器KM1动作后接触器KM2才能动作,故将接触器KM1的常开触点串接

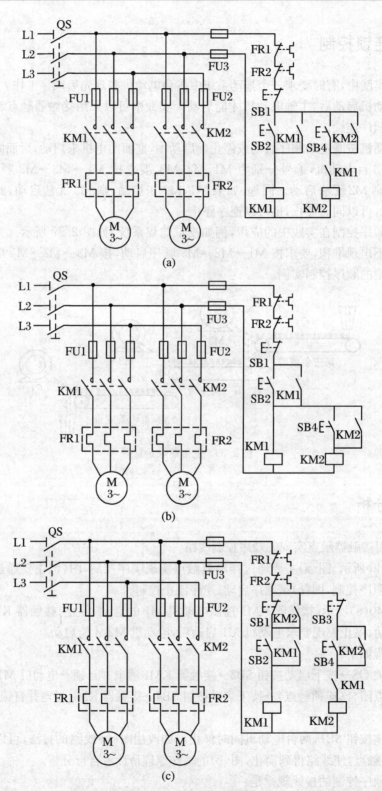

图 2.40 电动机顺序控制

于接触器 KM2 的线圈电路中。

② 要求接触器 KM1 动作后接触器 KM2 不能动作,故将接触器 KM1 的常闭辅助触点串接于接触器 KM2 的线圈电路中。

如图 2.40(c)所示,此电路实现两台电动机顺序启动、逆序停止控制。工作过程如下:合上开关 QS→按下启动按钮 SB2→接触器 KM1 通电并自锁→电动机 M1 启动→KM1 常开辅助触点闭合(连锁触点)→按下启动按钮 SB4→接触器 KM2 通电并自锁(同时 KM2 一对常开短接 SB1)→电动机 M2 启动;按下停止按钮 SB3→KM2 断电并解除自锁→M2 断电停止→按下 SB1(此时 KM2 已经断电,与 SB1 并联的 KM2 常开已断开)→KM1 断电并解除自锁→M1 断电停止。显然,如果 KM2 未断电就直接按下 SB1,因与其并联的 KM2 常开未断开,所以无法断开 KM1。

(2) 利用时间继电器实现的顺序启动控制线路

如图 2.41 所示,操作过程如下:合上开关 QS→按下启动按钮 SB2→KM1,KT 线圈同时通电并自锁(由 KM1 常开触点实现)→M1 启动,同时 KT 计时→KT 计时到,接通 KM2 线圈→M2 启动。

按下 SB1,KM1,KT,KM2 同时断电,M1,M2 停止。

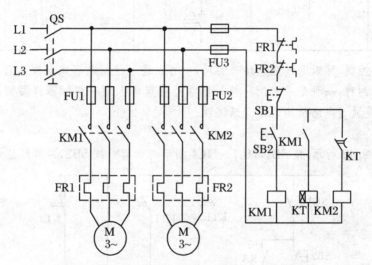

图 2.41 利用时间继电器实现的顺序启动控制线路

四、电路安装与调试

请按前述要求和步骤安装接线。

【总结与思考】

1. 总结

时间继电器是用以获取一定时间延时的低压电器,有通电延时型和断电延时型之分。

JS7 型是一种常用的时间继电器,它有 4 对触点、2 对瞬时触点(1 对瞬时常开触点、1 对瞬时常闭触点)、2 对延时触点(1 对常开、1 对常闭)。JS7 型时间继电器通过改变其结构,既可作为通电延时型,也可作为断电延时型。时间继电器延时触点动作情况见表 2.1。

表 2.1 时间继电器触点动作情况表

类 型	线圈图形符号	触点符号	断电状态	线圈 断电→通电	线圈 通电→断电
通电延时型			断	延时闭合	瞬时断开
			通	延时断开	瞬时闭合
断电延时型			断	瞬时闭合	延时断开
			通	瞬时断开	延时闭合

顺序启动控制,可以通过主电路来实现,也可以通过控制电路来实现。其中通过控制电路实现通常有两种:一种是采用上一接触器常开触点串入下一接触器线圈回路的做法来实现,另外一种是通过电路结构的改变来实现。

2. 思考

(1) 如图 2.42 所示,按 SB1,HL1~HL4 指示灯如何? 按 SB2,四盏灯又如何?

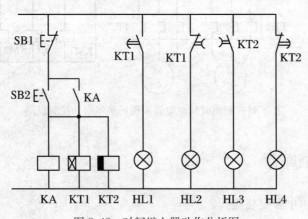

图 2.42 时间继电器动作分析图

(2) 在图 2.41 中,两台电动机正常运行状态下,时间继电器处于通电状态。通常情况下,控制电路中,正常运行状态下不需要通电的继电器尽量不要通电,这是因为:① 继电器线圈为感性负载,大量不需通电的继电器一直通电,将影响电源的功率因素,使之下降;② 线圈有电阻,一直通电将损耗电能;③ 同时通电回路多,还增加故障发生的可能性;④ 长时间通电还会减小继电器的使用寿命等。请问：在图 2.41 中，当 M1，M2 都启动起来且正常运行时，要想使 KT 线圈断电，又不影响两台电机的正常运行，那么电路该如何修改？

(3) 图 2.40(a)，(b)，(c)中，控制的都是 2 台电机，如果是 3 台或以上的电机，相应的电路应该如何修改？请你画出完整的电气原理图。

(4) 利用接触器触点实现的联锁控制，如果电动机为 3 台，那么在第三台电动机控制线路线圈回路中，同时把 KM1，KM2 各自的一对常开辅助触点都串入可行吗？

任务六　多点与多条件控制电路安装调试

多点控制(或称为多地控制、异地控制)指对同一被控对象，可以在多个地方实施通电运行、断电停止的控制。例如，教学楼有 5 层楼，要求在任意楼层楼梯口都能够点亮各层廊灯，在任意楼层楼梯口都能够关闭各层廊灯，以方便夜晚进出教学楼。我们把所有灯视为一个负载，这就相当于在 5 个地方控制一盏灯，这就是多点控制。

多条件控制指对某一被控对象，启动需要的条件不止一个，而是需要两个及两个以上同时满足方能启动；停止亦是如此。

电动机的多点控制与多条件控制在电路上很容易实现：对于多点控制，只需要把各控制点的启动按钮并联，把各控制点的停止按钮串联，如图 2.43 所示。对于多条件控制，只需把

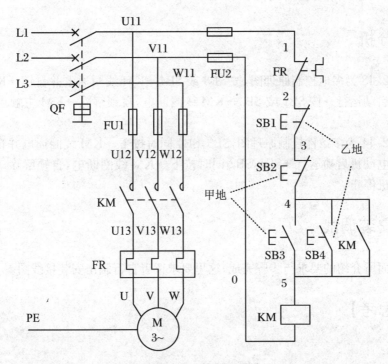

图 2.43　多地控制原理图

各启动按钮串联,把各停止按钮并联,如图 2.44 所示。

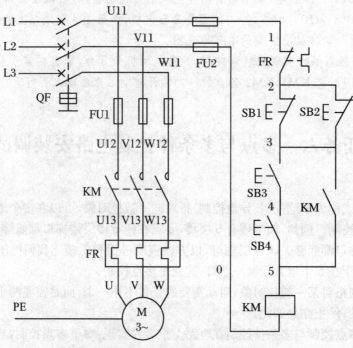

图 2.44 多条件控制原理图

一、原理分析

(1) 图 2.43 为多地控制原理图,按 SB3 或 SB4→KM 线圈通电并自锁→KM 主触点接通→电动机启动运行→按 SB1 或 SB2→KM 线圈断电,自锁解除→KM 主触点断开→电动机停止。

(2) 图 2.44 为多条件控制原理图,SB3、SB4 同时按下→KM 线圈通电并自锁→KM 主触点接通→电动机启动运行→SB1、SB2 同时按下→KM 线圈断电,自锁解除→KM 主触点断开→电动机停止。

二、电路安装调试

按照前面所介绍的要求与步骤完成,这里要求读者自行画出安装接线图。

【总结与思考】

1. 总结

多点控制,把各控制点的启动按钮并联,把各控制点的停止按钮串联;多条件控制,把各启动按钮串联,把各停止按钮并联。

2. 思考

请你尝试画出上述 5 层教学楼廊灯控制线路原理图。

任务七 行程控制电路安装调试

一、行程开关

行程开关又称限位开关,用于控制机械设备的行程及限位保护。在实际生产中,将行程开关安装在预先安排的位置,当装于生产机械运动部件上的模块撞击行程开关时,行程开关的触点动作,实现电路的切换。因此,行程开关是一种根据运动部件的行程位置而切换电路的电器,它的作用原理与按钮类似。行程开关广泛用于各类机床和起重机械,用以控制其行程、进行终端限位保护。在电梯的控制电路中,还利用行程开关来控制开关轿门的速度、自动开关门的限位,轿厢的上、下限位保护。

行程开关按其结构可分为直动式、滚轮式、微动式和组合式。图 2.45 为几种行程开关的外形图。

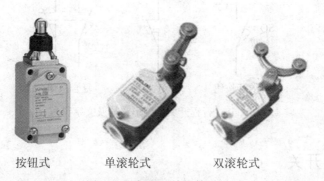

按钮式　　单滚轮式　　双滚轮式

图 2.45　行程开关的外形图

(1) 直动式行程开关的结构原理如图 2.46 所示,其动作原理与按钮开关相同,但其触点的分合速度取决于生产机械的运行速度,不宜用于速度低于 0.4 m/min 的场所。

(2) 滚轮式行程开关又分为单滚轮自动复位和双滚轮(羊角式)非自动复位式,双滚轮行移开关具有两个稳态位置,有"记忆"作用,在某些情况下可以简化线路。其中单滚轮行程开关的结构原理如图 2.47 所示,当被控机械上的撞块撞击带有滚轮的撞杆时,撞杆转向右边,带动凸轮转动,顶下推杆,使微动开关中的触点迅速动作。当运动机械返回时,在复位弹簧的作用下,各部分动作部件

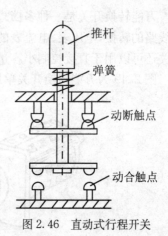

图 2.46　直动式行程开关

复位。

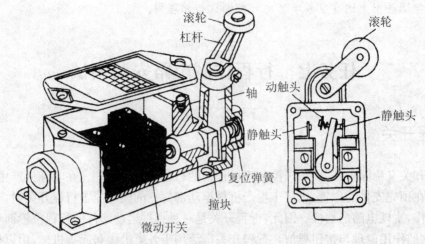

图 2.47 滚轮式行程开关

行程开关的图形、文字符号如图 2.48 所示。

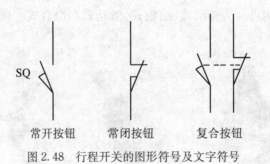

图 2.48 行程开关的图形符号及文字符号

二、万能转换开关

万能转换开关是一种多挡式、控制多回路的主令电器。万能转换开关主要用于各种控制线路的转换,电压表、电流表的换相测量控制,配电装置线路的转换和遥控等。万能转换开关还可以用于直接控制小容量电动机的启动、调速和换向。

图 2.49 为万能转换开关单层结构示意图。

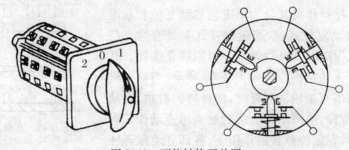

图 2.49 万能转换开关图

常用产品有 LW5 和 LW6 系列。LW5 系列可控制 5.5 kW 及以下的小容量电动机；LW6 系列只能控制 2.2 kW 及以下的小容量电动机。用于可逆运行控制时，只有在电动机停车后才允许反向启动。LW5 系列万能转换开关按手柄的操作方式可分为自复式和自定位式两种。所谓自复式是指用手拨动手柄于某一挡位时，手松开后，手柄自动返回原位；定位式则是指手柄被置于某挡位时，不能自动返回原位而停在该挡位。

万能转换开关的手柄操作位置是以角度表示的。不同型号的万能转换开关的手柄有不同万能转换开关的触点，电路图中的图形符号如图 2.50 所示。但由于其触点的分合状态与操作手柄的位置有关，所以，除在电路图中画出触点图形符号外，还应画出操作手柄与触点分合状态的关系。图中当万能转换开关打向左 45°时，触点 1—2、3—4、5—6 闭合，触点 7—8 打开；打向 0°时，只有触点 5—6 闭合，右 45°时，触点 7—8 闭合，其余打开。

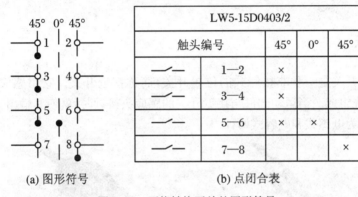

(a) 图形符号　　　　　(b) 点闭合表

图 2.50　万能转换开关的图形符号

三、主令控制器

主令控制器是一种频繁地按预定程序对电路进行接通和切断的电器。通过它的操作，可以对控制电路发布命令，与其他电路联锁或切换。常配合磁力启动器对绕线式异步电动机的启动、制动、调速及换向实行远距离控制，广泛用于各类起重机械的拖动电动机的控制系统中。

主令控制器一般由外壳、触点、凸轮、转轴等组成，与万能转换开关相比，它的触点容量大些，操纵挡位也较多。主令控制器的动作过程与万能转换开关相类似，也是由一块可转动的凸轮带动触点动作。

常用的主令控制器有 LK5 和 LK6 系列，其中 LK5 系列有直接手动操作、带减速器的机械操作与电动机驱动等三种产品。LK6 系列是由同步电动机和齿轮减速器组成定时元件，由此元件按规定的时间顺序周期性地分合电路。

控制电路中，主令控制器触点的图形符号及操作手柄在不同位置时的触点分合状态表示方法与万能转换开关相似。

从结构上讲，主令控制器分为两类：一类是凸轮可调式主令控制器；一类是凸轮固定式主令控制器。图 2.51 为凸轮可调式主令控制器。

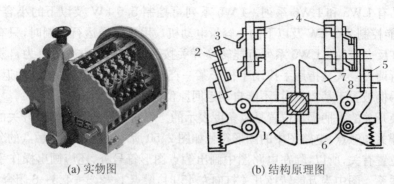

(a) 实物图　　　　　　(b) 结构原理图

图 2.51　凸轮可调式主令控制器

1.凸轮块；2.动触点；3.静触点；4.接线端子；5.支杆；6.转动轴；7.凸轮块；8.小轮

四、接近开关

接近式位置开关是一种非接触式的位置开关，简称接近开关。它由感应头、高频振荡器、放大器和外壳组成。当运动部件与接近开关的感应头接近时，就使其输出一个电信号。

接近开关分为电感式和电容式两种。

电容式接近开关　　　　　光电式接近开关

图 2.52　接近开关

电感式接近开关的感应头是一个具有铁氧体磁芯的电感线圈，只能用于检测金属体。振荡器在感应头表面产生一个交变磁场，当金属块接近感应头时，金属中产生的涡流吸收了振荡的能量，使振荡减弱以至停振，因而产生振荡和停振两种信号，经整形放大器转换成二进制的开关信号，从而起到"开""关"的控制作用。

电容式接近开关的感应头是一个圆形平板电极，与振荡电路的地线形成一个分布电容，当有导体或其他介质接近感应头时，电容量增大而使振荡器停振，经整形放大器输出电信号。电容式接近开关既能检测金属，又能检测非金属及液体。

常用的电感式接近开关型号有 LJ1, LJ2 等系列，电容式接近开关型号有 LXJ15, TC 等系列产品。

五、红外线光电开关

红外线光电开关有反射式和对射式两种。

反射式光电开关利用物体对光电开关发射出的红外线反射回去,由光电开关接收,从而判断是否有物体存在。如有物体存在,光电开关接收到红外线,其触点动作,否则其触点复位。

对射式光电开关由分离的发射器和接收器组成。当无遮挡物时,接收器接收到发射器发出的红外线,其触点动作;当有物体挡住时,接收器便接收不到红外线,其触点复位。

光电开关和接近开关的用途已远超出一般行程控制和限位保护,可用于高速计数、测速、液面控制、检测物体的存在、检测零件尺寸等许多场合。

六、原理分析

在机床电气设备中,有些是通过工作台自动往复循环工作的,例如龙门刨床的工作台的前进、后退。电动机的正、反转是实现工作台自动往复循环的基本环节。自动循环控制线路如图 2.53 所示。

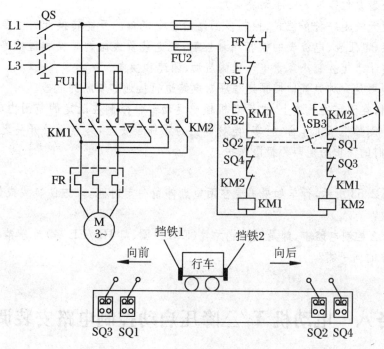

图 2.53　自动循环控制线路

控制线路按照行程控制原则,利用生产机械运动的行程位置实现控制,通常采用限位开关。

工作过程如下:

合上电源开关 QS→按下启动按钮 SB2→接触器 KM1 通电→电动机 M 正转,工作台向前→工作台前进到一定位置,撞块压动限位开关 SQ2→SQ2 常闭触点断开→KM1 断电→M 停止向前。

SQ2 常开触点闭合→KM2 通电→电动机 M 改变电源相序而反转,工作台向后→工作台后退到一定位置,撞块压动限位开关 SQ1→SQ1 常闭触点断开→KM2 断电→M 停止后退。

SQ1 常闭触点闭合→KM1 通电→电动机 M 又正转,工作台又前进,如此往复循环工作,直至按下停止按钮 SB1→KM1(或 KM2)断电→电动机停止转动。

另外，SQ3 和 SQ4 分别为反、正向终端保护限位开关，防止限位开关 SQ1 和 SQ2 失灵时造成工作台从机床上冲出的事故。

七、安装调试

按照前面所介绍的要求与步骤完成，读者自行画出安装接线图。

【总结与思考】

1. 总结

行程开关又称限位开关，用于控制机械设备的行程及限位保护。行程开关按其结构可分为直动式、滚轮式、微动式和组合式。行程开关的复位方式有自动复位和手动复位（手动复位并非意味着复位需要人工手动完成）。

万能转换开关是一种多挡式、控制多回路的主令电器。万能转换开关主要用于各种控制线路的转换，电压表、电流表的换相测量控制，配电装置线路的转换和遥控等。万能转换开关还可以用于直接控制小容量电动机的启动、调速和换向。

主令控制器是一种频繁地按预定程序对电路进行接通和切断的电器。

位置控制，在固定的轨迹上，把运动机械或运动部件限制在既定的范围内，一般通过行程开关实现。例如机床工作台、行车、电梯等。为了保证安全，终点限位开关之外也设置了行程开关，它们的保护功能即为极限保护。

2. 思考

（1）如图 2.53 所示，行车如果需要在两重点停留一定时间，以方便装载或卸载货物，电路应如何修改？

（2）为什么控制电路中，都是以耗能元件（KM 线圈、灯 HL/EL 等）为分界，把各种触点置于耗能元件的同一侧？

任务八　电动机 Y/△降压启动控制电路安装调试

电动机启动有直接启动和降压启动两种。大、中型容量电动机因直接启动的启动电流较大，需要采用降压启动方法。降压启动的方法是指：启动时减小电动机定子绕组上的电压，以限制启动电流；启动结束后将定子电压恢复至额定值，进入正常运行。

降压启动的方法主要有：Y/△降压启动、定子串电阻降压启动、自耦变压器降压启动、延边三角形降压启动等。

Y/△降压启动：启动过程中电动机定子绕组连接成星形，加在电动机每相绕组上的电压为额定电压的 $1/\sqrt{3}$，从而减小了启动电流。待启动后人为操作或按预先整定的时间把电动机换成三角形连接，使电动机在额定电压下运行。

进一步计算可以得知：电动机采用 Y/△降压启动,启动过程中启动电流只有直接启动的 1/3,大大地降低了启动电流。但电磁转矩同时也降为直接启动的 1/3,因此该启动方法只适用于电动机在轻载或空载下的情况。另一方面,因为电动机正常运行时用△连接,所以,Y/△降压启动的方法只适用于正常运行为△连接的电动机。

一、原理分析

（一）Y/△降压启动控制线路原理分析

图 2.54(a)为 Y/△降压启动用时间继电器切换的方式。启动过程如下：合上开关QS→

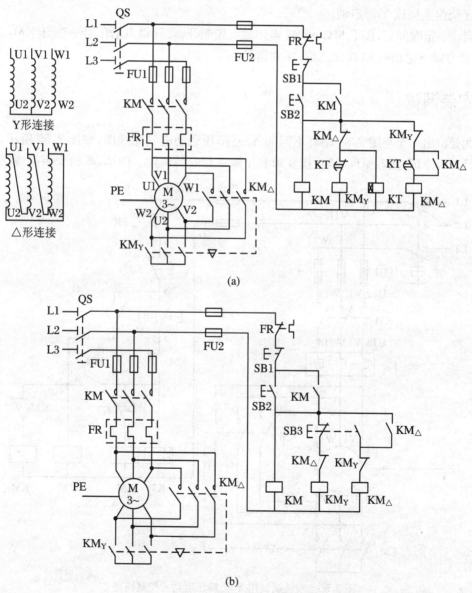

图 2.54 星形-三角形减压启动控制线路

按下启动按钮 SB2→KM,KM$_Y$,KT 线圈同时通电并自锁→KM 主触点闭合,KM$_Y$ 主触点闭合→电动机 M 定子绕组联结成 Y 形启动;

时间继电器 KT 通电延时 $t(s)$→KT 延时常闭辅助触点断开,KM$_Y$ 断电,KT 延时闭合常开触点闭合→KM$_△$ 主触点闭合,定子绕组连接成 △→M 加以额定电压正常运行→KM$_△$ 常闭辅助触点断开→KT 线圈断电。

停止:按下停止按钮 SB1→控制线路断电并解除自锁→主电路 KM,KM$_Y$,KM$_△$ 主触点断开,电机断电停止→断开 QS。

图 2.54(b)为 Y/△降压启动用手动切换的方式。启动过程如下:合上开关 QS→按下启动按钮 SB2→KM,KM$_Y$ 线圈同时通电并自锁→KM 主触点闭合,KM$_Y$ 主触点闭合→电动机 M 定子绕组连接成 Y 形启动。

启动一定时间后,按下 SB3→SB3 常闭触点先断开,常开触点后闭合→断开 KM$_Y$,接通 KM$_△$ 并自锁→电动机 M 接成△形,正常运行。

二、安装调试

此处给出一个与图 2.54 略有不同的 Y/△降压启动电气原理图,如图 2.55 所示,请读者自行分析原理,熟悉原理之后,按要求和步骤进行安装调试。图 2.56 的安装接线图仅供

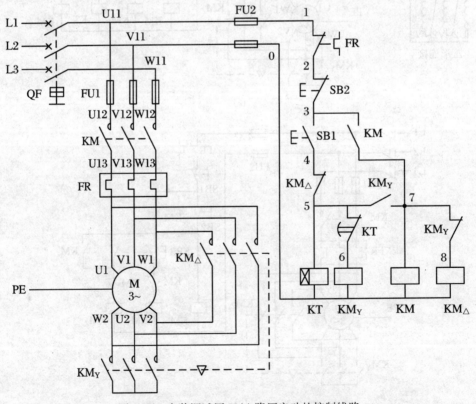

图 2.55 安装调试用 Y/△降压启动的控制线路

参考,读者可根据按自己的考虑来实施。

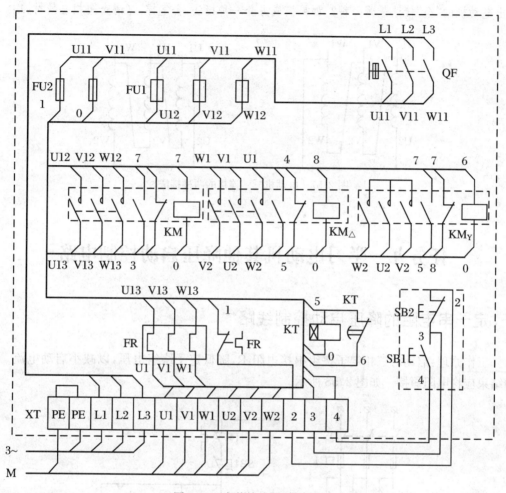

图 2.56 安装接线图（供参考）

【总结与思考】

1. 总结

Y/△降压启动是指启动过程中电动机定子绕组连接成星形,启动一定时间后把定子绕组改接为三角形连接。这种启动方式可大大减小启动电流。该方法只适用于正常运行为△连接的电动机,且电动机是在轻载或空载的情况下。

Y/△降压启动的"启动"向"正常运行"切换,可手动完成,也可由时间继电器自动完成。

2. 思考

(1) Y/△降压启动控制线路中,在电动机由"Y"连接切换为"△"连接过程中,如果$KM_△$主触点先接通,而后KM_Y主触点断开,即$KM_△$主触点接通时KM_Y主触点还未断开,那么将会出现什么严重后果？

（2）电动机定子绕组的"△"接法有两种，如图2.57所示。请你仔细看图2.54和图2.55，指出电动机的"△"接法是哪一种？如果换成另外一种接法，会怎样？（请查阅相关教材。）

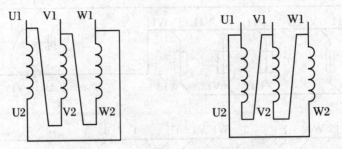

图2.57　电动机"△"连接的两种接法

任务九　学习电动机其他降压启动控制电路

一、定子串电阻的降压启动控制线路

工作原理：启动时三相定子绕组串接电阻R，降低定子绕组电压，以减小启动电流。启动结束应将电阻短接。如图2.58所示。

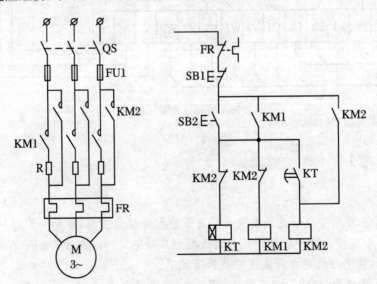

图2.58　定子串电阻的降压启动

按下SB2↓→KM1，KT通电（串R启动）→KT计时到→KM2通电（切除R运行）→KM1，KT失电复位。

这种启动方式启动转矩小，加速平滑，但电阻损耗大。也可用电抗器代替电阻，但电抗器价格较贵，成本较高。适用于电动机容量不大、启动不频繁且平稳的场合。

二、定子串自耦变压器的降压启动控制电路

工作原理:启动时,定子绕组上为自耦变压器二次侧电压;正常运行时切除自耦变压器。如图 2.59 所示。

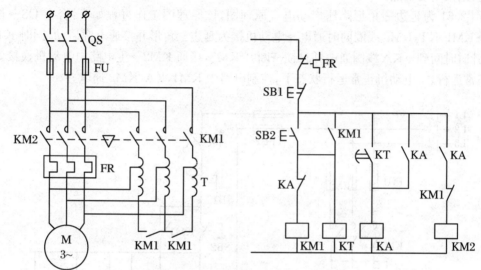

图 2.59 定子串自耦变压器的降压启动

按下 SB2↓→KM1,KT 通电工作(串自耦变压器启动)→KT 计时到→KA,KM2 通电工作(切除自耦变压器运行)→KM1,KT 失电复位。

这种启动方式启动转矩大(60%,80%抽头),损耗低,但设备庞大,成本高。启动过程中会出现二次涌流冲击,适用于不频繁启动、容量在 30 kW 以下的设备启动的场合。

三、延边三角形降压启动

延边三角形降压启动是指电机启动时,定子绕组做延边三角形连接(从图形上看,就是三角形的三条边延长,故称为延边三角形),待转速增加到接近额定转速时,再换接为△连接,电机就进入正常运转状态,如图 2.60 所示。

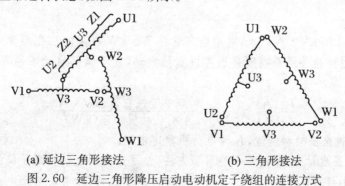

(a) 延边三角形接法　　　　(b) 三角形接法

图 2.60 延边三角形降压启动电动机定子绕组的连接方式

延边三角形降压启动是在 Y/△降压启动方法基础上加以改进的一种新的启动方法。它把星形和三角形两种接法结合起来,使电动机每相定子绕组承受的电压小于三角形接法时的相电压,而大于星形接法时的相电压,并且每相绕组电压的大小可随电动机绕组抽头(U3,V3,W3)的改变而改变。延边三角形降压启动克服了 Y/△降压启动时启动电压偏低、启动转矩太小的缺点。

图 2.61 为延边三角形降压启动电气原理图,该原理图工作过程如下:合上 QS→按下 SB2→KM1,KT,KM3 线圈同时通电→电动机接为延边三角形并接通电源启动,同时 KT 计时→计时时间到→KA 线圈通电并自锁→断开 KM3,接通 KM2→主电路中电动机换接为△形,正常运行。(电动机正常运行状态下,控制电路中 KM1,KA,KM2 通电。)

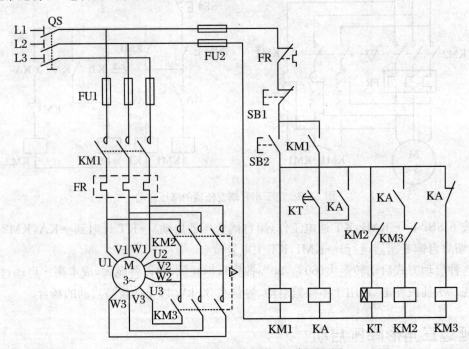

图 2.61 延边三角形降压启动电气原理图

【总结与思考】

1. 总结

电源容量在 180 kV·A 以上,电动机容量在 7.5 kW 以下的三相异步电动机可以用直接启动,或者通过经验公式来判断是否可以直接启动,凡不满足启动条件者,均需采用降压启动。

$$\frac{I_{ST}(A)}{I_N(A)} \leq \frac{3}{4} + \frac{电源变压器容量(kV·A)}{4 \times 电动机功率(kW)}$$

式中,I_{ST} 为电动机全压启动电流,I_N 为电动机额定电流。

电动机的降压启动中,不论哪一种启动方法,都是让加到电动机定子绕组各相上的电压降低,以达到减小启动电流的目的。启动电流并非越小越好,除考虑启动电流减小这一因素之外,还必须考虑电动机电磁转矩等因素。

定子绕组串电阻降压启动中,启动过程中串入电阻以达到降压的目的;自耦变压器降压启动利用自耦变压器降压的原理实现,而延边三角形降压启动却是在 Y/△降压启动方法基础上加以改进的一种新的启动方法,既考虑减小启动电流,又考虑到维持一定大小的电磁转矩。

对任何一种控制电路,本书所给例图并非是唯一的,读者可参考相关书籍,或自己动手设计。

2. 思考

(1) 在图2.58中,电动机启动结束进入正常运行状态,KM1 断开,电阻 R 是完全断开的,请问:KM1 不断开,电阻 R 仍在电路中,可否?如果主电路更改为图2.62,那么请你画出控制线路图。

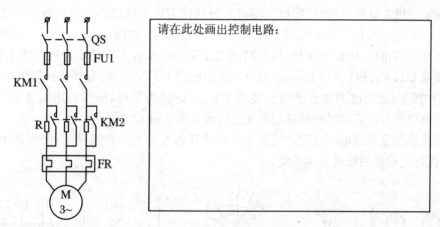

图 2.62

(2) 在图2.60(a)中,改变电子绕组抽头比 $K(K = Z_1/Z_2)$,可以改变启动电流大小和启动转矩大小,请你说明:随着 K 值的大小不一,启动电流和启动转矩大小是如何变化的?

任务十 双速电动机控制线路安装调试

一、电动机调速的方法

由三相异步电动机的转速公式

$$n = \frac{60f_1}{P}(1-s)$$

可知,改变异步电动机转速可通过三种方法来实现:一是改变电源频率 f_1;二是改变转差率 s;三是改变磁极对数 P。这里主要介绍变极调速,简要介绍变频调速。

用改变电源频率 f_1 的办法实现的调速称为变频调速,变频调速主要通过变频器实现电源频率的改变,变频调速是一种无级调速,可实现平滑调速。

改变磁极对数实现的调速称为变极调速。变极调速是通过改变定子绕组的连接方式来实现的,它是有级调速,且只适用于笼型异步电动机。凡磁极对数可改变的电动机称为多速电动机,常见的多速电动机有双速、三速、四速等几种类型。

二、双速电动机定子绕组的连接

双速异步电动机定子绕组的△/YY 接线图如图 2.63 所示。图中,三相定子绕组接成三角形,由三个连接点接出三个出线端 U1,V1,W1,从每相绕组的中点各接出一个出线端 U2,V2,W2,这样定子绕组共有 6 个出线端。通过改变这 6 个出线端与电源的连接方式,就可以得到两种不同的转速。

要使电动机在低速工作时,就把三相电源分别接至定子绕组作三角形连接顶点的出线端 U1,V1,W1 上,另外三个出线端 U2,V2,W2 空着不接,如图 2.63(a)所示,此时电动机定子绕组接成三角形,磁极为 4 极,同步转速为 1 500 r/min;若要使电动机高速工作,就把三个出线端 U1,V1,W1 并接在一起,另外三个出线端 U2,V2,W2 分别接到三相电源上,如图 2.63(b)所示,这时电动机定子绕组接成 YY 形,磁极为 2 极,同步转速为 3 000 r/min。可见双速电动机高速运转时的转速是低速运转转速的 2 倍。

值得注意的是双速电动机定子绕组从一种接法改变为另一种接法时,必须把电源相序反接,以保证电动机的旋转方向不变。

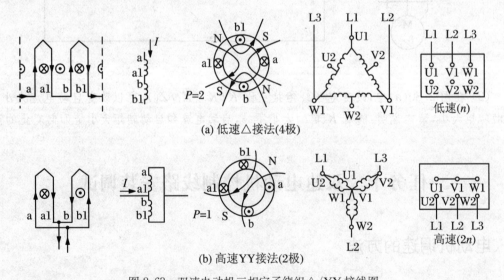

(a) 低速△接法(4极)

(b) 高速YY接法(2极)

图 2.63 双速电动机三相定子绕组△/YY 接线图

三、电路分析

(一) 接触器控制双速电动机的控制线路

用按钮和接触器控制双速电动机的电路如图 2.64 所示。其中 SB1,KM1 控制电动机低速运转;SB2,KM2,KM3 控制电动机高速运转。

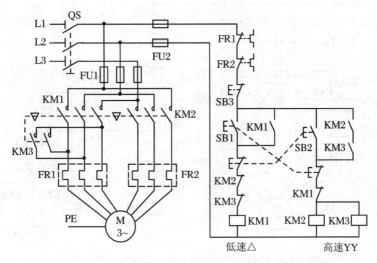

图 2.64 接触器控制双速电动机的电路图

线路工作原理如下:先合上电源开关 QS。

△形低速启动运转:

按下 SB1→① SB1 常闭触头先分断,对 KM2,KM3 联锁;② SB1 常开触头后闭合→KM1 线图得电→① KM1 联锁触头分断,对 KM2,KM3 联锁;② KM1 自锁触头闭合自锁;③ KM1 主触头闭合→电动机 M 接成△形低速启动运转。

YY 形高速启动运转:

按下 SB2→① SB2 常闭触头先分断;② SB2 常开触头后闭合→KM1 线圈失电→① KM1 自锁触头分断,解除自锁;② KM1 主触头分断;③ KM1 联锁触头闭合→KM2,KM3 线圈同时得电→① KM2,KM3 联锁触头分断对 KM1 的联锁;② KM2,KM3 自锁触头闭合自锁;③ KM2,KM3 主触头闭合→电动机 M 接成 YY 形高速启动运转停转时,按下 SB3 即可实现。

(二) 时间继电器控制双速电动机的控制线路

用按钮和时间继电器控制双速电动机低速启动高速运转的电路图如图 2.65 所示。时间继电器 KT 控制电动机△启动时间和△/YY 的自动换接运转。

按 SB1,实现的是电动机低速启动并运行;按 SB2,电动机低速启动,一定时间后自动切换为高速运行。具体原理读者可自行分析。

四、电路安装调试

1. 清点元器件,检查器件的完好性。
2. 画元件布置图,确定原件安装位置。
3. 按要求在电路板上打点、画线,依照元件布置图在电路板上安装固定元件。
4. 配线。遵循配线基本原则,采用合适的接线方法(回路连接法或等电位连接法)连接

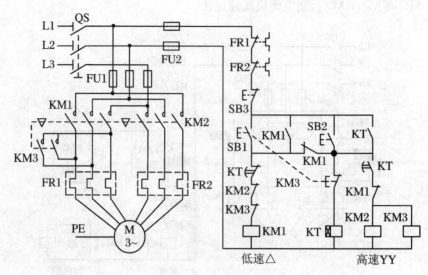

图 2.65 按钮和时间继电器控制双速电动机电路图

电路。

5. 认真检查电路,确保电路安装接线无误。

(1) 电路检查,首先用"眼"看,明显的故障可以很快发现,例如接线遗漏、错位等,当眼睛初略看过去,触点、线圈如果一端接有导线,而另一端却是空的,没有导线连接,这显然要么是漏接,要么是错接。

(2) 借助仪表(万用表)进行检查。用万用表检查电路,一般用欧姆挡在电路断电的状态下检查电路,首先检查电路有无短路,而后检查电路是否按原理动作。

① 检查电路是否有短路的方法:以图 2.64 为例,选择万用表欧姆挡(电阻挡)合适挡位,合上 QS,先量一下熔断器是否完好,确认熔断器完好后,把万用表两表笔分别放到主电路进线处(注意:外部电源尚未接上)两根进线上(AB,AC,BC 两相之间各一次),观察表针是否有为零的情况,再通按一遍控制回路中每一个按钮,观察表针是否为零,若上述检查中发现有表针指示,说明电路中有短路存在,必须进一步确认问题所在,并纠正。

② 初步检查电路原理是否正确。根据原理图,把两表针放在控制电路电源进线处(FU2之后),单独按下 SB1,万用表应该有一定偏转,此时测量到的电阻值为 KM1 线圈的电阻。单独按 SB2,表针指示读数为 KM2 与 KM3 两线圈电阻的并联值,若三只接触器型号一致,此时所测阻值会小一些(指针向右偏转角度大些)。电路还可以再进一步检查确认,比如,按原理,对于 SB1,SB2,因为有机械互锁,所以不能测到任何一个线圈的阻值等等。

③ 一般通过①②检查后,可基本确定电路的正确性,但如果在前两步中检查出现异常,就需要进一步检查,此时可采取两种检查方法。对于初学者,一般根据自己先前接线的思路,逐一去梳理核实;对于有一定基础和经验者,可用万用表对照原理图,分段检查。

6. 在通电试车前,请老师检查确认。接上电源线,在指导教师的监护下通电试车。

7. 试车成功后,做好相关笔记,拆卸电路,拆卸下来的导线要及时归整,长导线拉直绑束,留待后用。清理上交工具器件,打扫清理工位。

下面给出图 2.64 的一个参考接线图,如图 2.66 所示。

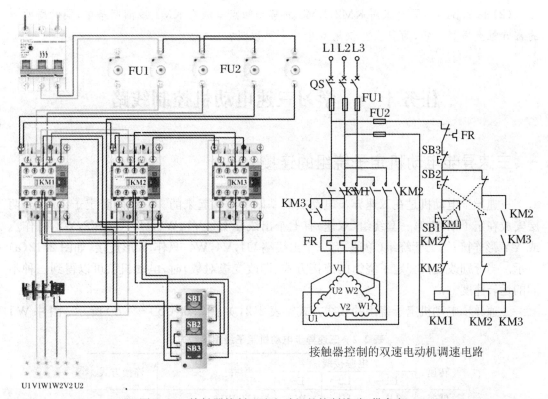

图 2.66 接触器控制双速电动机的控制线路(供参考)

【总结与思考】

1. 总结

变极调速是通过改变电动机定子绕组的连接方式来改变磁极对数,从而实现改变电动机转速的目的。变极调速是有级调速。双速电动机定子绕组接为△时为低速,接为 YY 时为高速,低速时的磁极对数为高速时的 2 倍,高速时的转速为低速时的 2 倍。

2. 思考

(1) 如图 2.67 所示,下面绕组连接方式有几对磁极?在图中标示出磁场及磁极(参考图 2.63(a))。

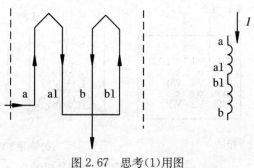

图 2.67 思考(1)用图

(2) 图 2.64 中,同时采用 KM2,KM3 的常闭触点串联在 KM1 线圈回路中,同时用两者的常开触点串联自锁,为什么?仅用其中一个可以吗?

任务十一 学习三速电动机控制线路

一、三速异步电动机定子绕组的连接

三速异步电动机是在双速异步电动机的基础上发展起来的。它有两套定子绕组,分两层安放在定子槽内,第一套绕组(双速)有七个出线端 U1,V1,W1,U3,U2,V2,W2,可作△或 YY 形连接;第二套绕组(单速)有三个出线端 U4,V4,W4,只作 Y 形连接,如图 2.12(a)所示。当分别改变两套定子绕组的连接方式(即改变极对数)时,电动机就可以得到三种不同的运转速度。

三速异步电动机定子绕组的接线方式见表 2.2,如图 2.68(b)~(d)所示。图中 W1

表 2.2 三速异步电动机定子绕组接线方法

转速	电源接线			并　　头	连接方式
	L1	L2	L3		
低速	U1	V1	W1	U3,W1	△
中速	U4	V4	W4		Y
高速	U2	V2	W2	U1,V1,W1,U3	YY

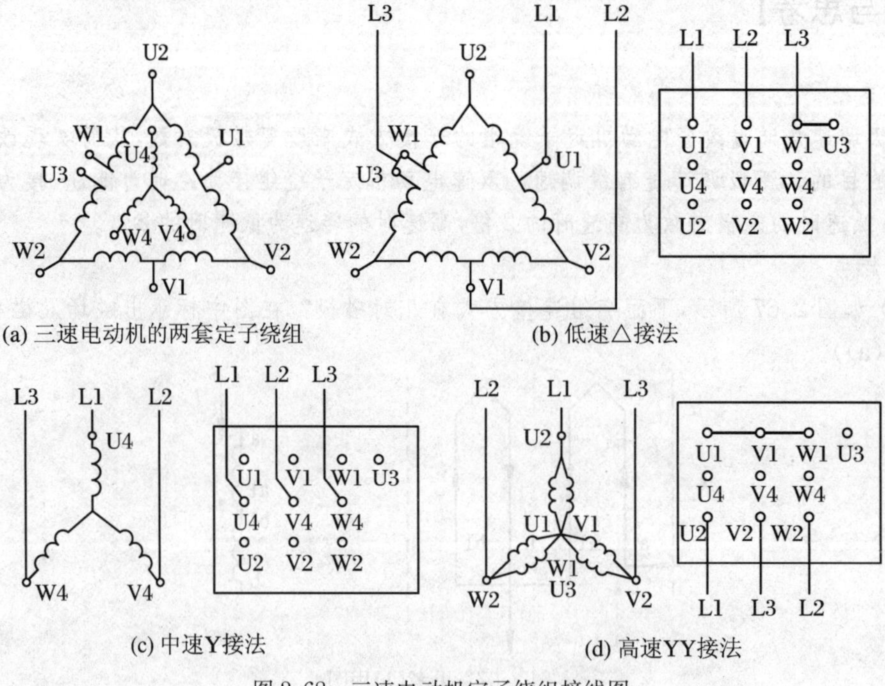

(a) 三速电动机的两套定子绕组

(b) 低速△接法

(c) 中速Y接法

(d) 高速YY接法

图 2.68 三速电动机定子绕组接线图

和 U3 出线端分开的目的是当电动机定子绕组接成 Y 形中速运转时,避免在△接法的定子绕组中产生感生电流。

二、接触器控制三速异步电动机的控制线路

用按钮和接触器控制三速异步电动机的电路如图 2.69 所示。其中 SB1,KM1 控制电动机△接法下低速运转;SB2,KM2 控制电动机 Y 接法下中速运转;SB3,KM3 控制电动机 YY 接法下高速运转。

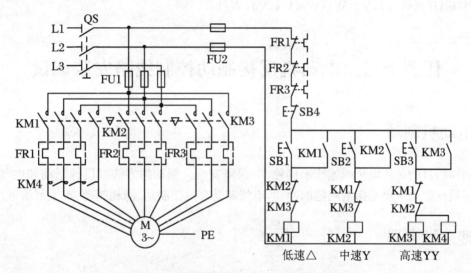

图 2.69　接触器控制三速电动机的电路图

线路工作原理如下:先合上电源开关 QS。

低速启动运转:

按下 SB1→接触器 KM1 线圈得电→KM1 触头动作→电动机 M 的第一套定子绕组出线端 U1,V1,W1(U3 通过 KM1 常开触头与 W1 并接)与三相电源接通→电动机 M 接成低速△形。

先按下停止按钮 SB4→KM1 线圈失电→KM1 触头复位→电动机 M 失电→再按下 SB2→KM2 线圈得电→KM2 触头动作→电动机 M 的第二套定子绕组出线端 U4,V4,W4 与三相电源接通→电动机 M 接成中速 Y 形。

中速转为高速运转:

先按下 SB4→KM2 线圈失电→KM2 触头复位→电动机 M 失电。

再按下 SB3→KM3 线圈得电→KM3 触头动作→电动机 M 的第一套定子绕组出线端 U2,V2,W2 与三相电源接通(U1,V1,W1,U3 则通过 KM3 的三对常开触头并接)→电动机 M 接成高速 YY 形。

该线路的缺点是在进行速度转换时,必须先按下停止按钮 SB4 后,才能再按相应的启动按钮变速,所以操作不便。

【总结与思考】

1. 总结

三速异步电动机有两套定子绕组,一套可接为△形和YY形,另外一套固定接为Y形,其中△为低速连接,Y为中速连接,YY为高速连接。

2. 思考

请你仔细对照图2.68和图2.69,在图2.69中连接电机的10根线中,标出对应的端口符号(U1,U2,U3,V1,V2,W1,W2,U4,V4,W4)。

任务十二　电动机反接制动控制线路安装调试

一、电动机制动

制动的目的是使电机减速或准确停车,保障安全。制动的方法有机械制动和电气制动两种。机械制动主要是指电磁抱闸制动,电气制动有反接制动、能耗制动、再生制动等。

二、速度继电器

速度继电器又称为反接制动继电器,主要用于笼型异步电动机的反接制动控制。感应式速度继电器的原理如图2.70所示。它是靠电磁感应原理实现触点动作的。

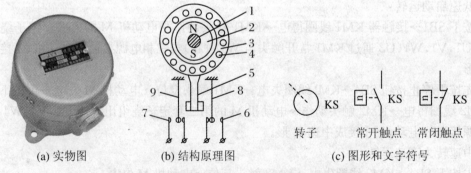

(a) 实物图　　(b) 结构原理图　　(c) 图形和文字符号

图2.70　速度继电器

1.转子;2.电动机轴;3.定子;4.绕组;5.定子柄;6.静触点;7.动触点;8.簧片

从结构上看,与交流电机相类似,速度继电器主要由定子、转子和触点三部分组成。定子的结构与笼型异步电动机相似,是一个笼型空心圆环,由硅钢片冲压而成,并装有笼型绕组。转子是一个圆柱形永久磁铁。

速度继电器的轴与电动机的轴相连接。转子固定在轴上,定子与轴同心。当电动机转动时,速度继电器的转子随之转动,绕组切割磁场产生感应电动势和电流,此电流和永久磁铁的磁场作用产生转矩,使定子向轴的转动方向偏摆,通过定子柄拨动触点,使闭触点断开、常开触点闭合。当电动机转速下降到接近零时,转矩减小,定子柄在弹簧力的作用下恢复原位,触点也复原。根据电动机的额定转速选择速度继电器。其图形及文字符号如图 2.70(b)所示。

常用的感应式速度继电器有 JY1 和 JFZ0 系列。JY1 系列能在 3 000 r/min 的转速下可靠工作。JFZ0 型触点动作速度不受定子柄偏转快慢的影响,触点改用微动开关。JFZ0 系列 JFZ0-1 型适用于 300~1 000 r/min,JFZ0-2 型适用于 1 000~3 000 r/min。速度继电器有两对常开、常闭触点,分别对应于被控电动机的正、反转运行。一般情况下,速度继电器的触点,在转速达 120 r/min 时能动作,100 r/min 左右时能恢复正常位置。

三、电路分析

(一) 机械制动(机械抱闸)

机械制动是用电磁铁操纵机械机构进行制动,常见的机械制动有电磁抱闸制动和电磁离合器制动等,其中,电磁抱闸制动应用较为广泛。

电磁抱闸由制动电磁铁和闸瓦制动器构成,具体又分为断电制动和通电制动两类。

(1) 断电制动控制电路如图 2.71 所示。

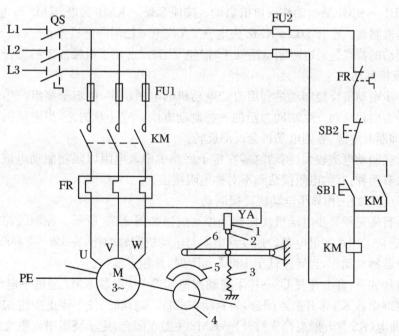

图 2.71 电磁抱闸断电制动
1.线圈;2.衔铁;3.弹簧;4.闸轮;5.闸瓦;6.杠杆

按下 SB1↓→KM 通电动作→YA 得电动作→松闸→电机启动。按下 SB1↓→KM 失电→YA 失电→抱闸→电机制动。

这种制动的特点是断电时制动闸处于"抱住"状态。适用于升降机械的场合。

(2) 通电制动控制电路如图 2.72 所示。

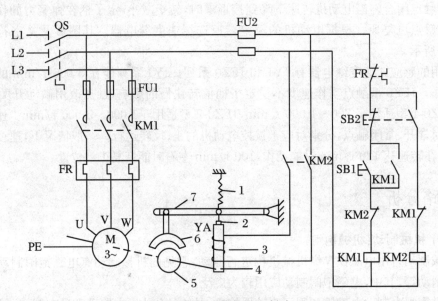

图 2.72　电磁抱闸通电制动
1.弹簧；2.衔铁；3.线圈；4.铁芯；5.闸轮；6.闸瓦；7.杠杆

按下 SB1→KM1 通电动作→电机启动。按住 SB2→KM1 失电，KM2 得电→YA 得电→抱闸→电机制动。松开 SB2→KM2 失电→YA 失电→松闸→电机停止。

这种制动的特点是通电时制动闸处于"抱住"状态。适用于机械加工的场合。

(二) 反接制动

三相异步电动机反接制动是利用改变电动机的电源相序，使定子绕组产生的旋转磁场与转子旋转方向相反而产生制动力矩的一种制动方法。应注意的是，当电动机转速接近零时，必须立即断开电源，否则电动机会反向旋转。

由于反接制动电流较大，制动时需在定子回路中串入电阻以限制制动电流。反接制动电阻的接法有两种：对称电阻接法和不对称电阻接法。

1. 单向运行的三相异步电动机反接制动

单向运行的三相异步电动机反接制动控制线路如图 2.73 所示。控制线路按速度原则实现控制，通常采用速度继电器。速度继电器与电动机同轴相连，在 120～3 000 r/min 范围内速度继电器触点动作，当转速低于 100 r/min 时，其触点复位。

工作过程如下：合上开关 QS→按下启动按钮 SB2→接触器 KM1 通电→电动机 M 启动运行→速度继电器 KS 常开触点闭合，为制动作准备。制动时，按下停止按钮 SB1→KM1 断电→KM2 通电（KS 常开触点尚未打开）→KM2 主触点闭合，定子绕组串入限流电阻 R 进行反接制动→$n \approx 0$ 时，KS 常开触点断开→KM2 断电，电动机制动结束。

(2) 双向启动反接制动控制线路

双向启动反接制动控制电路如图 2.74 所示。该线路所用电器较多，其中 KM1 既是正转运行接触器，又是反转运行时的反接制动接触器；KM2 既是反转运行接触器，又是正转运行时的反接制动接触器；KM3 作短接限流电阻 R 用；中间继电器 KA1，KA3 和接触器 KM1，KM3 配合完成电动机的正向启动、反接制动的控制要求；中间继电器 KA1，KA4 和接触器 KM2，KM3 配合完成电动机的反向启动、反接制动的控制要求；速度继电器 KS 有两对常开触头 KS-1，KS-2，分别用于控制电动机正转和反转时反接制动的时间；R 既是反接制动限流电阻，又是正反向启动的限流电阻。

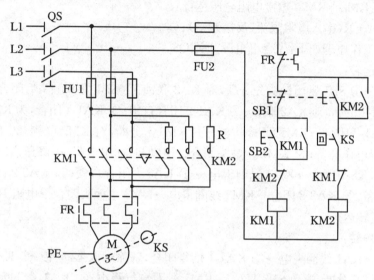

图 2.73 电动机单向运行的反接制动控制线路

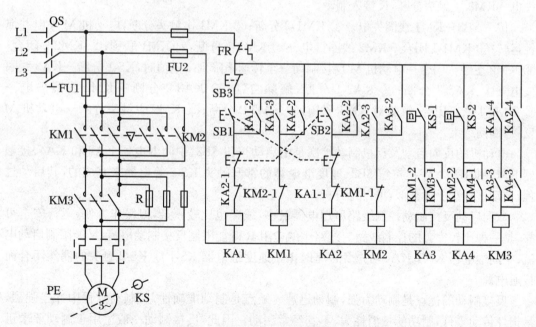

图 2.74 双向启动反接制动控制电路图

就主电路而言，接通情况如下。

正向启动反接制动过程：

启动:KM1+R(串入电阻降压启动);

正常运行:KM1+KM3(短接电阻全压运行);

制动:KM2+R(串入电阻限流、反接制动);

反向启动反接制动过程:

启动:KM2+R(串入电阻反向降压启动);

正常运行:KM2+KM3(短接电阻全压运行);

制动:KM1+R(串入电阻限流、反接制动);

其线路的工作原理如下:先合上电源开关QS。

正转启动运转:

按下SB1→① SB1常闭触头先分断,对KA2联锁;② SB1常开触头后闭合→KA1线圈得电→① KA1-1分断,对KA2联锁;② KA1-2闭合自锁;③ KA1-4闭合,为KM3线圈得电作准备;④ KA1-3闭合→KM1线圈得电→① KM1-1分断,对KM2联锁;② KM1-2闭合,为KA3线圈得电作准备;③ KM1主触头闭合→电动机M串电阻R,降压启动→至转速上升到一定值时,KS-1闭合→KA3线圈得电→① KA3-1闭合自锁;② KA3-2闭合,为KM2线圈得电作准备;③ KA3-3闭合→KM3线圈得电→KM3主触头闭合→电阻R被短接→电动机M全压正转运行。

反接制动停转:

按下SB3→KA1线圈失电→① KA1-1恢复闭合,解除对KA2联锁;② KA1-2分断,解除自锁;③ KA1-3分断,避免SB3复位后KM1线圈自行得电;④ KA1-4分断→KM3线圈失电→KM3主触头分断,R接入制动。

按下SB3→KM1线圈失电→① KM1-2分断;② KM1主触头分断,电动机M失电并惯性运转;③ KM1-1闭合→KM2线圈得电→① KM2-1分断,对KM1联锁;② KM2-2闭合;③ KM2主触头闭合→电动机M反接制动→至转速下降到一定值时,KS-1分断→KA3线圈失电→① KA3-3分断;② KA3-1分断,解除自锁;③ KA3-2分断→KM2线圈失电→① KM2-1恢复闭合,解除对KM1联锁;② KM2-2分断;③ KM2主触头分断→电动机M反接,制动结束。

电动机的反向启动及反接制动控制是由启动按钮SB2、中间继电器KA2和KA4、接触器KM2和KM3、停止按钮SB3、速度继电器的常开触头KS-2等电器来完成的,其启动过程、制动过程和上述类似,可自行分析。

双向启动反接制动控制线路所用电器较多,线路也比较繁杂,但操作方便,运行安全可靠,是一种比较完善的控制线路。线路中的电阻R既能限制反接制动电流,又能限制启动电流;中间继电器KA3,KA4可避免停车时由于速度继电器KS-1或KS-2触头的偶然闭合而接通电源。

反接制动的优点是制动力强,制动迅速。缺点是制动准确性差,制动过程中冲击强烈,易损坏传动零件,制功能量消耗大,不宜经常制动。因此,反接制动一般适用于制动要求迅速、系统惯性较大、不经常启动与制动的场合,如镗床、中型车床等主轴的制动控制。

四、安装调试

如图 2.73 所示,按前面各项目任务中的方法步骤,完成反接制动电路的安装调试。

下面给出图 2.73 对应的一个参考安装图,读者可先在原理图中对控制电路进行编号,然后对照图 2.75,仔细梳理,最后再进行安装接线。

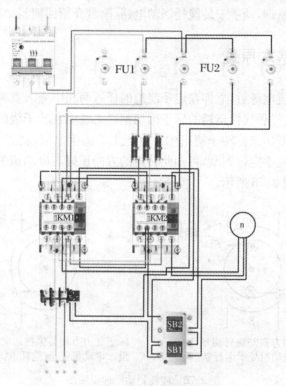

图 2.75　电动机反接制动安装接线图(供参考)

【总结与思考】

1. 总结

三相异步电动机的制动方法有机械制动和电气制动。其中机械制动指电磁抱闸制动,有通电和断电制动,电气制动有反接制动、能耗制动、再生制动等。

电动机反接制动是利用改变电动机的电源相序,使定子绕组产生的旋转磁场与转子旋转方向相反而产生制动力矩的一种制动方法。反接制动有两个问题需要特别考虑:一是如何限制反接制动过程中,定子绕组中流过较大的制动电流;二是如何自动控制制动结束时间点,避免电动机转速已经降至零后而电源还未断开造成的反向启动。对于第一个问题,采用的措施是在主回路中串接限流电阻;第二个问题解决的办法是在电路中设置速度继电器。

2. 思考

反接制动电气原理图的主回路中所串电阻有何作用?

任务十三　电动机其他制动控制线路安装调试

上一任务中,我们认识了电动机制动中的反接制动,本任务主要以能耗制动为主,学习了解能耗制动的基本原理,动手安装能耗制动电路,附带介绍回馈制动、电容制动。

一、能耗制动的基本原理

当电动机切断交流电源后,立即在定子绕组的任意两相中通入直流电,使定子中产生一个恒定的静止磁场,这样做惯性运转的转子因切割磁力线而在转子绕组中产生感生电流,其方向可用右手定则判断出来。转子绕组中一旦产生了感生电流,就立即受到静止磁场的作用,产生电磁转矩,用左手定则判断,可知此转矩的方向正好与电动机的转向相反,使电动机受制动迅速停转,如图 2.76 所示。

图 2.76　能耗制动原理说明图

由于这种制动方法是通过在定子绕组中通入直流电以消耗转子惯性运转的动能来进行制动的,所以称为能耗制动,又称功能制动。

二、电容制动的基本原理

当电动机切断交流电源后,立即在电动机定子绕组的出线端接入电容器来迫使电动机迅速停转的方法叫电容制动。其制动原理是:当旋转着的电动机断开交流电源时,转子内仍有剩磁。随着转子的惯性转动,有一个随转子转动的旋转磁场。这个磁场切割定子绕组产生感生电动势,并通过电容器回路形成感生电流,该电流产生的磁场与转子绕组中感生电流相互作用,产生一个与旋转方向相反的制动转矩,使电动机受制动迅速停转。

三、回馈制动(又称发电制动、再生制动)

这种制动方法主要用在起重机械和多速异步电动机上。

当起重机在高处开始下放重物时,电动机转速 n 小于同步转速 n_1,这时电动机处于电动运行状态,但由于重力的作用,在重物的下放过程中,电动机的转速 n 会大于同步转速 n_1,这时电动机处于发电运行状态,转子相对于旋转磁场切割磁力线的运动方向会发生改变,其转子电流和电磁转矩的方向都与电动运行时相反,电磁力矩变为制动力矩,从而限制了重物的下降速度,重物下降得不至于过快,保证了设备和人身安全。如图 2.77 所示。

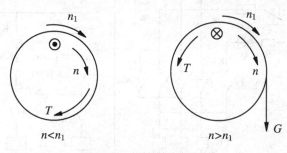

图 2.77 回馈制动原理图

多速电动机变速时,如使电动机由二级变为四级,定子旋转磁场的同步转速 n_1 由 3 000 r/min 变为 1 500 r/min,而转子由于惯性仍以原来的转速 n(接近 3 000 r/min)旋转,此时 $n>n_1$,电动机产生发电制动作用。

发电制动是一种比较经济的制动方法。制动时不需改变线路即可从电动运行状态自动转入发电制动状态,把机械能转换成电能再回馈到电网,节能效果显著。缺点是应用范围较窄,仅当电动机转速大于同步转速时才能实现发电制动。

四、原理分析

(一) 无变压器单相半波整流能耗单向启动制动控制线路

无变压器单相半波整流单向启动能耗制动自动控制电路如图 2.78 所示。该线路采用单相半波整流器作为直流电源,所用附加设备较少,线路简单,成本低,常用于 10 kW 以下小容量电动机,且对制动要求不高的场合。

其线路的工作原理如下:先合上电源开关 QS。

单向启动运转:

按下 SB1→KM1 线圈得电→① KM1 联锁触头分断,对 KM2 联锁;② KM1 自锁触头闭合自锁;③ KM1 主触头闭合→电动机 M 启动运转。

能耗制动停转:

按下 SB2→① SB2 常闭触头先分断;② SB2 常开触头后闭合→KM1 线圈失电→① KM1 自锁触头分断,解除自锁;② KM1 主触头分断→M 暂失电并惯性运转;③ KM1 联锁触头闭合→① KT 线圈得电;② KM2 线圈得电→① KM2 联锁触头分断,对 KM1 联锁;

② KM2 自锁触头闭合自锁;③ KM2 主触头闭合,KT 常开触头瞬时闭合自锁,电动机 M 接入直流电能耗制动;④ KT 常闭触头延时待分断→延时到 KT 常闭延时触头分断→KM2 线圈失电→① KM2 联锁触头恢复闭合;② KM2 自锁触头分断,KT 线圈失电,KT 触头瞬时复位;③ KM2 主触头分断→电动机 M 切断直流电源并停转,能耗制动结束。图 2.78 中 KT 瞬时闭合常开触头的作用是当 KT 出现线圈断线或机械卡住等故障时,按下 SB2 后能使电动机制动后脱离直流电源。

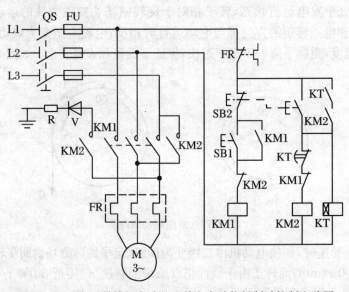

图 2.78 无变压器单相半波整流单向启动能耗制动控制电路图

(二) 有变压器单相桥式整流单向启动能耗制动控制线路

对于 10 kW 以上容量的电动机,多采用有变压器单相桥式整流单向启动能耗制动自动控制线路。图 2.79 为有变压器单相桥式整流单向启动能耗制动自动控制的电路图,其中直

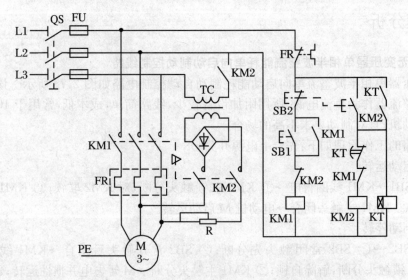

图 2.79 有变压器单相桥式整流单向启动能耗制动控制电路图

流电源由单相桥式整流器 VC 供给,TC 是整流变压器,电阻 R 用来调节直流电流,从而调节制动强度,整流变压器一次侧与整流器的直流侧同时进行切换,有利于提高触头的使用寿命。

图 2.79 与图 2.78 的控制电路相同,所以其工作原理也相同,读者可自行分析。能耗制动的优点是制动准确、平稳,且能量消耗较小。缺点是需附加直流电源装置,设备费用较高,制动力较弱,在低速时制动力矩小。因此能耗制动一般用于要求制动准确、平稳的场合,如磨床、立式铣床等的控制线路中。

(三) 电容制动控制线路

如图 2.80 所示,线路的工作原理如下:先合上电源开关 QS。

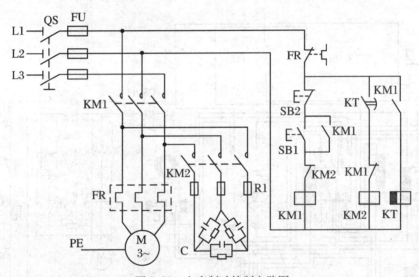

图 2.80 电容制动控制电路图

启动运转:

按下 SB1→KM1 线圈得电→① KM1 自锁触头闭合自锁,KM1 主触头闭合,电动机 M 启动运转;② KM1 联锁触头分断,对 KM2 联锁;③ KM1 常开辅助触头闭合→KT 线圈得电→KT 延时分断的常开触头瞬时闭合,为 KM2 得电作准备。

电容制动停转:

按下 SB2→KM1 线圈失电→① KM1 自锁触头分断,解除自锁;② KM1 主触头分断,电动机 M 失电惯性运转;③ KM1 联锁触头闭合;④ KM1 常开辅助触头分断。

KM1 联锁触头闭合→KM2 线圈得电→① KM2 联锁触头分断,对 KM1 联锁;② KM2 主触头闭合→电动机 M 接入三相电容进行电容制动至停转。

KM1 常开辅助触头分断→KT 线圈失电→延时到,KT 常开触头分断→KM2 线圈失电→① KM2 联锁触头恢复闭合;② KM2 主触头分断→三相电容被切除。

控制线路中,电阻 R1 是调节电阻,用以调节制动力矩的大小,电阻 R2 为放电电阻。经验证明:电容器的电容,对于 380 V、50 Hz 的笼型异步电动机,每千瓦每相需要 150 μF 左右。电容器的耐压应不小于电动机的额定电压。

实验证明,对于 5.5 kW、△形接法的三相异步电动机,无制动停车时间为 22 s,采用电容制动后其停车时间仅需 1 s;对于 5.5 kW、Y 形接法的三相异步电动机,无制动停车时间为 36 s,采用电容制动后仅为 2 s。所以电容制动是一种制动迅速、能量损耗小、设备简单的制动方法,一般用于 10 kW 以下的小容量电动机,特别适用于存在机械摩擦和阻尼的生产机械以及需要多台电动机同时制动的场合。

五、安装调试

图 2.81 为有变压器全波整流单向启动能耗制动控制线路参考接线图,请参照该图,自行设计元件布置图和安装接线图,并按要求实施安装布线。

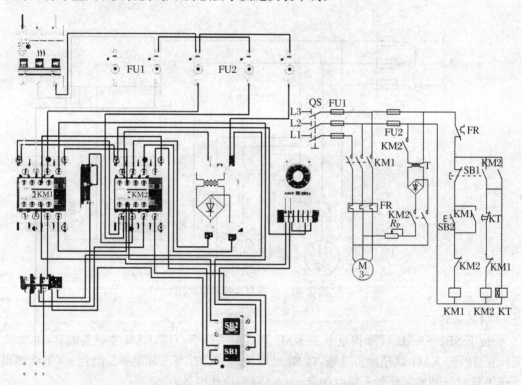

图 2.81 有变压器全波整流单向启动能耗制动控制线路参考接线图

【总结与思考】

当电动机切断交流电源后,立即在定子绕组的任意两相中通入直流电,迫使电动机迅速停转的方法称为能耗制动。

回馈制动是指由于外部或内部原因,当电动机的转速 n 高于同步转速 n_1,即 $n > n_1$ 时,电动机产生的电磁转矩与转子转动方向相反,成为制动转矩,使电动机的转速降低,这种工作状态称为回馈制动。

当电动机切断交流电源后,立即在电动机定子绕组的出线端接入电容器,迫使电动机迅速停转的方法称为电容制动。

任务十四　V-ELEQ仿真软件安装与应用

一、V-ELEQ仿真软件介绍

V-ELEQ(Virtual-Electric Equipment)软件是一款应用于电气、液压和气动系统的仿真软件,这里仅简单介绍该软件在电气控制方面的初步应用。软件大小不到40 MB,在电气控制方面,软件能够方便快捷地搭建和仿真电路,电路的搭建可有两种模式,一种是"符号"形式的原理图,一种是"配线"形式的安装图。前者主要通过一些常用电气元件,按电气原理图的结构呈现电路;后者可仿实际的电器元件进行布置配线,方便我们认识实际电路的安装配线。

二、软件安装

(1) 上网下载V-ELEQ仿真软件安装包,存放于电脑硬盘。
(2) 解压软件,打开文件包,找到"V-ELEQ仿真软件"文件夹,双击打开。如图2.82所示。

图2.82　V-ELEQ安装包文件

(3) 双击安装文件"setup.exe",按提示逐步安装。
(4) 系统提示重启电脑,确定,电脑重启。
(5) 在安装包中找到文件"ScUtLicenseMngr.dll",复制后粘贴到V-ELEQ安装路径下覆盖原文件。
(6) 安装结束,软件可以使用了。

三、控制线路原理图的搭建与仿真

我们以常见的三相异步电动机正反转控制为例,介绍 V-ELEQ 仿真软件的电路搭建与仿真。以下为操作步骤:

(1) 打开软件,选择二维窗口,如图 2.83 所示。

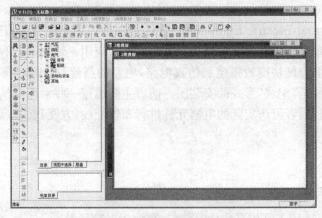

图 2.83 V-ELEQ 软件窗口

(2) 在左侧小窗口中找到"电气"项,点击前面"+"号展开,可以看到子项有"符号"和"配线"两项。同理,点击子项前面"+"号展开,选择电源类型,根据电路所用电源类型,选择交流或直流,这里选择交流。再展开,可看到下面有不同类别的元件(电源、接点、输出),在相应的元件归类中找到电路所需元件,把需要的元件用鼠标一一拖入右边编辑区,整理对齐。如图 2.84 所示。

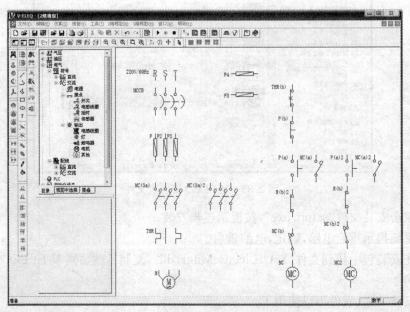

图 2.84 所需元件全部拖入编辑区

项目二　常用电动机控制线路装调　　85

电气/符号/交流/电源→① 电源；② F,F1,F2,…（熔断器）。

电气/符号/交流/接点/开关→① 三极开关 MCCB；② 按钮 P(a),P(b)；③ 热继电器触点 HTR(b)。

电气/符号/交流/接点/电感线圈→接触器主触点 MC(3a)；接触器辅助触点 MC(a),MC(b)。

电气/符号/交流/输出/电感线圈→① MC—接触器线圈；② THR—热继电器发热元件。

(3) 连线。在"工具"项找到"电路连接"或直接在窗口上方"工具栏"中找到 按钮，点击，进入连线状态。移动鼠标到连接点上，当鼠标变为瞄准镜"十"字形时单击鼠标左键，松开鼠标，移动光标至下一连接点。同理，当光标变为瞄准镜"十"字形时单击左键再单击鼠标左键，则两点之间连线完成，以此类推，把电路全部连接好。连接好的图形如图 2.85 所示。

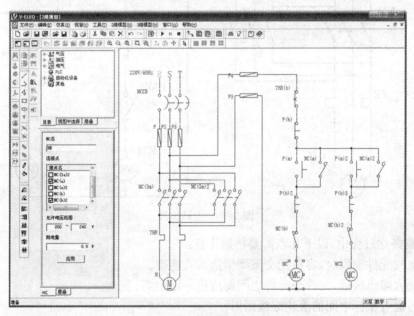

图 2.85　电路连接好的图形

(4) 更名与关联：我们可以把电路中各元件重新更名为我们熟知的元件符号，如 MCCB 改为 QS，MC 改为 KM 等等。同时，还需要把同一元件分布在不同回路或不同点的各相关部件关联起来，例如把 MC 线圈与主触点 MC(3a)、自锁触点 MC(a) 以及互锁触点 MC(b)2 关联起来。更名与关联的步骤示例如下：选中 MC 线圈，则在窗口左下角区域出现一个关于 MC 的小窗口，在此窗口中的"MC 名"输入框中键入"KM"，且在"连接名"复选框中选中对应的主触点 MC(3a)、自锁触点 MC(a) 以及互锁触点 MC(b)2（在前面方框中打钩），点击"应用"，则电路中 MC 线圈与主触点 MC(3a)、自锁触点 MC(a) 以及互锁触点 MC(b) 关联起来，并且各部分都更名为"KM"。以此类推。

(5) 电路仿真

点击工具栏中 ▶ 按钮，进入仿真状态。根据电路原理，按操作步骤操作，观察电机运行情况。如图 2.86 所示。

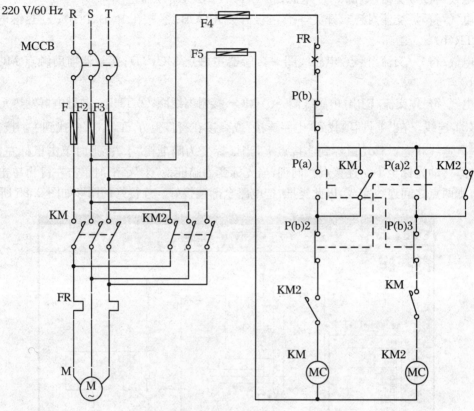

图 2.86 电路仿真

在电路搭建过程中,以下几点需要特别注意:
(1) 电气元件选取时,容易把交流型错选为直流型。
(2) 进入编辑区后,元件与元件之间要留出一定距离。
(3) 可通过鼠标中间的滚轮缩放图形。
(4) 若电路在仿真过程中不连通,可以根据线路颜色判断断点位置。
(5) 元件布置时,尽可能调整对齐其位置,使连线后的同一支路在同一水平或垂直线上。
(6) 根据原理图,有时需要一定的声光指示,可合理使用元件库中的各色指示灯和蜂鸣器。
(7) 要实现机械互锁,单纯地把对应按钮常开和常闭触点名称改为一致是不行的,还需要把两者之间的联动关系用虚线画出来,画法与其他连线无异,只是注意应把光标移动到按钮中间部位去找连线点。

四、电气线路安装接线图的搭建与仿真

(一) 电动机自锁控制仿真

在选取电器元件时,应在"配线"项下各元件归类中取所需元件。图 2.87 为电动机自锁

控制线路参考例图。读者可根据自己的思路安排元件及走线、布线。图 2.88 为仿真效果图。

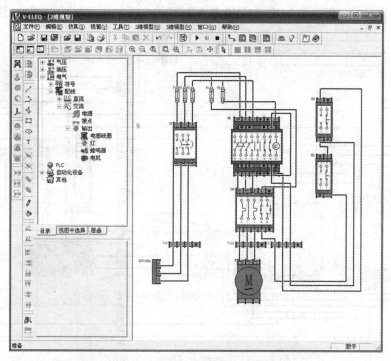

图 2.87　电动机自锁控制线路配线图

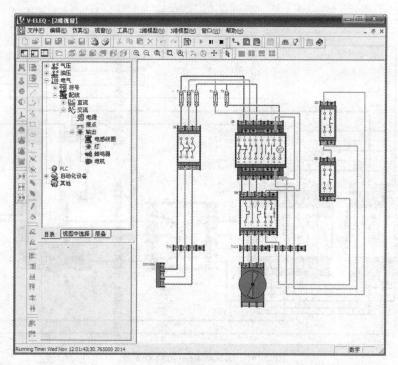

图 2.88　自锁控制仿真效果图

(二) 电动机正反转控制仿真

从上面的电动机自锁控制仿真中可以看出,线路布局走线与元件关系甚大,元件布置合理,则接线将会清晰合理。图 2.89 为具有双重互锁的电动机正反转控制线路,图 2.90 为其

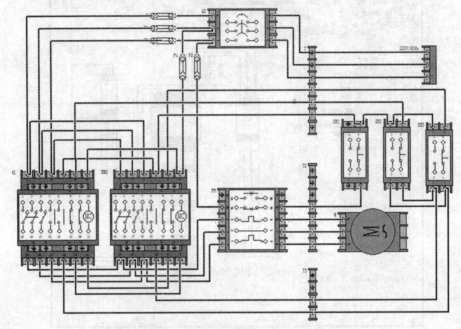

图 2.89 电动机正反转控制配线图

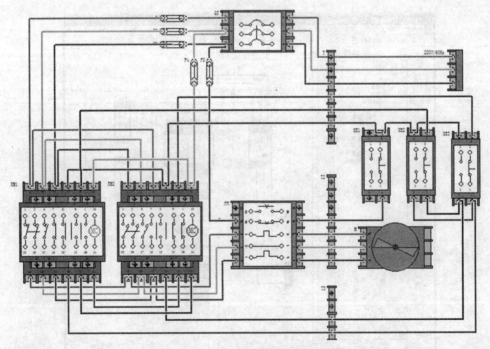

图 2.90 正反转控制仿真效果图

仿真效果。在此图中，我们适当地对元器件做了重新布局，尽管涉及的线路要复杂一些，但看上去却简单清晰。另外，由于在实际中，电动机、电源及按钮均安装在电气控制柜（或电路板）之外，因此它们与控制柜之间的连线需要经过接线端子排，本图已经把端子排加进去了，读者在自己动手练习过程中，必须注意这一点。

【总结与思考】

1. 总结

V-ELEQ 是一款简单而实用的小型仿真软件，该软件在电气上主要用以仿真常见的"与""或""非"等电路逻辑，又可用于仿真电动机各种控制线路的原理。在此基础上，可通过"配线图"仿真电路的实际安装接线，很直观地体验电路安装接线过程，通过自己设计布线图，很好地锻炼了学习者对电路整体合理布局、统筹规划的思想意识，还可以进一步锻炼学习者读图、识图以及检查电路的能力。

2. 思考

(1) 请仿照本任务的例子，完成电动机顺序启动控制线路仿真。
(2) 完成电动机星形-三角形降压启动控制线路的仿真。

项目三 学习 PLC 基本知识

【知识目标】
1. 掌握电路的内在逻辑,学会编写电路的逻辑代数式;
2. 初步学会把继电器-接触器控制电路转化为 PLC 控制的基本方法与步骤;
3. 了解 PLC 的基本工作原理、编程语言、特点;
4. 掌握基本概念:点、通道、通道分配;
5. 掌握位与位元件、位组合元件、字与字元件、双字元件;
6. 学会使用 FX 系列 PLC 软继电器(X,Y,T,C,M,S,D,V/Z 等);
7. 掌握数制与数制转换;
8. 掌握 PLC 的寻址方式。

【技能目标】
1. 掌握 PLC 控制系统的硬件连线;
2. 掌握把继电器-接触器控制电路转化为 PLC 控制的系统安装及调试。

任务一 用 PLC 控制双速电动机控制线路

一、电路的逻辑

(一) 串联逻辑关系

如图 3.1 所示,S1,S2 同时接通("1"为接通,"0"为断开),灯亮。

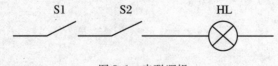

图 3.1 串联逻辑

串联电路的"条件"(开关 S1,S2 的通断组合关系)与"结果"(灯 HL 的点亮与否)之间的关系,用表格表现出来,见表 3.1(该表格即为数字电路中所学的"真值表")。

逻辑代数式为 HL = S1 · S2(逻辑"与")。

(二) 并联逻辑关系

如图 3.2 所示,接通 S1,S2 中任意一个或同时接通,灯亮。

项目三 学习PLC基本知识

表 3.1 逻辑"与"真值表

S1	S2	HL
0	0	0
0	1	0
1	0	0
1	1	1

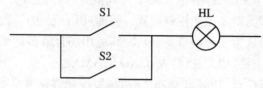

图 3.2 并联逻辑

并联电路的"条件"与"结果"之间的关系见表 3.2。

表 3.2 逻辑"或"真值表

S1	S2	HL
0	0	0
0	1	1
1	0	1
1	1	1

逻辑代数式为 HL = S1 + S2(逻辑"或")。

图 3.3 为电动机点动控制线路,该控制线路的逻辑代数关系为 KM = $\overline{FR}$ + $\overline{SB1}$ + SB2。

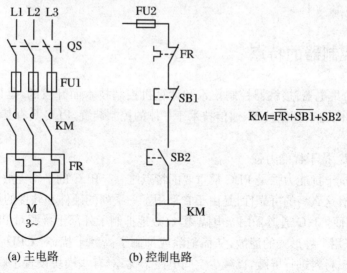

(a) 主电路　　(b) 控制电路

图 3.3 电动机点动控制线路

其他逻辑不再列举。

事实上,每一个电路都有一定的逻辑,电动机控制线路就是把各种功能的电器元件按一定逻辑关系构成的、能够实现对电动机状态切换及电动机之间的配合工作(加工机械的加工要求)的控制系统。PLC 是一种工业环境下的专用计算机。正因为电路存在一定的逻辑关系,所以采用计算机控制是可行的,也是必然的。

二、PLC 的基本概念

可编程控制器(Programmable Controller)简称 PC 或 PLC。它是在电器控制技术和计算机技术的基础上开发出来的,并逐渐发展成为以微处理器为核心,把自动化技术、计算机技术、通信技术融为一体的新型工业控制装置。目前,PLC 已被广泛应用于各种生产机械和生产过程的自动控制中,成为一种最重要、最普及、应用场合最多的工业控制装置,被公认为现代工业自动化的三大支柱(PLC、机器人、CAD/CAM)之一。

国际电工委员会(IEC)于 1987 年颁布了《可编程控制器标准草案》第三稿。在草案中对可编程控制器定义如下:"可编程控制器是一种数字运算操作的电子系统,专为在工业环境下应用而设计。它采用可编程序的存储器,用来在其内部存储执行逻辑运算、顺序控制、定时、计数和算术运算等操作的指令,并通过数字式和模拟式的输入和输出,控制各种类型的机械或生产过程。可编程控制器及其有关外围设备,都应按易于与工业系统联成一个整体,易于扩充其功能的原则设计。"

定义强调了 PLC 应直接应用于工业环境,必须具有很强的抗干扰能力、广泛的适应能力和广阔的应用范围,这是区别于一般微机控制系统的重要特征。同时,也强调了 PLC 用软件方式实现的"可编程"与传统控制装置中通过硬件或硬接线的变更来改变程序的本质区别。

近年来,可编程控制器发展很快,几乎每年都推出不少新系列产品,其功能已远远超出了上述定义的范围。

三、可编程控制器的特点

PLC 是综合继电器-接触器控制技术和计算机控制技术而开发的,是以微处理器为核心,集计算机技术、自动控制技术、通信技术于一体的控制装置,PLC 具有其他控制器无法比拟的特点:

1. 可靠性高、抗干扰能力强

可靠性高、抗干扰能力强是 PLC 最重要的特点之一。PLC 的平均无故障时间可达几十万小时,之所以有这么高的可靠性,是由于它采用了一系列的硬件和软件的抗干扰措施:

(1) 硬件方面 I/O 通道采用光电隔离,有效地抑制了外部干扰源对 PLC 的影响;对供电电源及线路采用多种形式的滤波,从而消除或抑制了高频干扰;对 CPU 等重要部件采用良好的导电、导磁材料进行屏蔽,以减少空间电磁干扰;对有些模块设置了联锁保护、自诊断电路等。

(2) 软件方面 PLC 采用扫描工作方式,减少了由于外界环境干扰引起的故障;在 PLC 系统程序中设有故障检测和自诊断程序,能对系统硬件电路等故障实现检测和判断;当外界干扰引起故障时,能立即将当前重要信息加以封存,禁止任何不稳定的读写操作,一旦外界环境正常后,便可恢复到故障发生前的状态,继续原来的工作。

2. 编程简单、使用方便

目前,大多数 PLC 采用的编程语言是梯形图语言,它是一种面向生产、面向用户的编程语言。梯形图与电器控制线路图相似,形象、直观,不需要掌握计算机知识,很容易让广大工程技术人员掌握。当生产流程需要改变时,可以现场改变程序,使用方便、灵活。同时,PLC 编程器的操作和使用也很简单。这也是 PLC 获得普及和推广的主要原因之一。

许多 PLC 还针对具体问题,设计了各种专用编程指令及编程方法,进一步简化了编程。

3. 功能完善、通用性强

现代 PLC 不仅具有逻辑运算、定时、计数、顺序控制等功能,而且还具有 A/D 和 D/A 转换、数值运算、数据处理、PID 控制、通信联网等许多功能。同时,由于 PLC 产品的系列化、模块化,有品种齐全的各种硬件装置供用户选用,可以组成满足各种要求的控制系统。

4. 设计安装简单、维护方便

由于 PLC 用软件代替了传统电气控制系统的硬件,控制柜的设计、安装接线工作量大为减少。PLC 的用户程序大部分可在实验室进行模拟调试,缩短了应用设计和调试周期。在维修方面,由于 PLC 的故障率极低,维修工作量很小;而且 PLC 具有很强的自诊断功能,如果出现故障,可根据 PLC 中的指示或编程器上提供的故障信息,迅速查明原因,维修极为方便。

5. 体积小、重量轻、能耗低

由于 PLC 采用了集成电路,其结构紧凑、体积小、能耗低,所以是实现机电一体化的理想控制设备。

四、PLC 的组成

PLC 的硬件组成如图 3.4 所示。主要由中央处理器(CPU)、存储器、输入单元、输出单元、通信接口、扩展接口电源等部分组成。其中,CPU 是 PLC 的核心,输入单元与输出单元是连接现场输入/输出设备与 CPU 之间的接口电路,通信接口用于与编程器、上位计算机等外设连接。

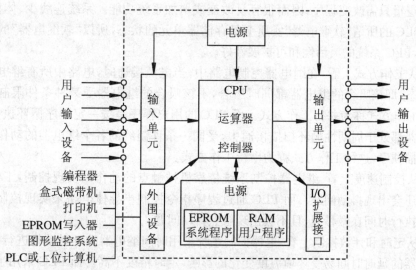

图 3.4 PLC 的硬件组成

图3.3为用PLC控制的继电器-接触器控制系统,其PLC等效电路如图3.5所示。

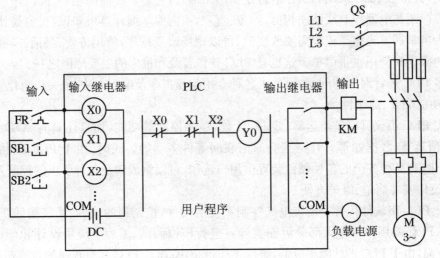

图3.5　PLC等效电路

五、PLC控制系统与电器控制系统的区别

PLC控制系统与电器控制系统相比,有许多相似之处,也有许多不同之处。不同之处主要有以下几个方面:

(1)从控制方法上看,电器控制系统控制逻辑采用硬件接线,利用继电器机械触点的串联或并联等组合成控制逻辑,其连线多且复杂、体积大、功耗大,系统构成后,想再改变或增加功能较为困难。另外,继电器的触点数量有限,所以电器控制系统的灵活性和可扩展性受到很大限制。而PLC采用了计算机技术,其控制逻辑是以程序的方式存放在存储器中,要改变控制逻辑只需改变程序,因而很容易改变或增加系统功能。系统连线少、体积小、功耗小,而且PLC的所谓"软继电器"实质上是存储器单元的状态,所以"软继电器"的触点数量是无限的,PLC系统的灵活性和可扩展性好。

(2)从工作方式上看,在继电器控制电路中,当电源接通时,电路中所有继电器都处于受制约状态,即该吸合的继电器都同时吸合,不该吸合的继电器受某种条件限制而不能吸合,这种工作方式称为并行工作方式。而PLC的用户程序是按一定顺序循环执行的,所以各软继电器都处于周期性循环扫描接通中,受同一条件制约的各个继电器的动作次序决定于程序扫描顺序,这种工作方式称为串行工作方式。

(3)从控制速度上看,继电器控制系统依靠机械触点的动作以实现控制,工作频率低,机械触点还会出现抖动问题。而PLC通过程序指令控制半导体电路来实现控制,速度快,程序指令执行时间在微秒级,且不会出现触点抖动问题。

(4)从定时和计数控制上看,电器控制系统采用时间继电器的延时动作进行时间控制,时间继电器的延时时间易受环境温度变化的影响,定时精度不高。而PLC采用半导体集成电路作定时器,时钟脉冲由晶体振荡器产生,精度高,定时范围宽,用户可根据需要在程序中设定定时值,修改方便,不受环境的影响,且 PLC 具有计数功能,而电器控制系统一般不具备计数功能。

(5) 从可靠性和可维护性上看,由于电器控制系统使用了大量的机械触点,其存在机械磨损、电弧烧伤等缺点,寿命短,系统的连线多,所以可靠性和可维护性较差。而 PLC 大量的开关动作由无触点的半导体电路来完成,其寿命长,可靠性高,PLC 还具有自诊断功能,能查出自身的故障,随时显示给操作人员,并能动态地监视控制程序的执行情况,为现场调试和维护提供了方便。

六、PLC 的循环扫描工作方式

PLC 执行程序的过程分为三个阶段,即输入采样阶段、程序执行阶段、输出刷新阶段,如图 3.6 所示。

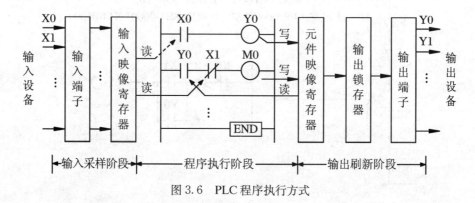

图 3.6　PLC 程序执行方式

(一) 输入采样阶段

在输入采样阶段,PLC 以扫描工作方式按顺序对所有输入端的输入状态进行采样,并存入输入映像寄存器中,此时输入映像寄存器被刷新。接着进入程序处理阶段,在程序执行阶段或其他阶段,即使输入状态发生变化,输入映像寄存器的内容也不会改变,输入状态的变化只有在下一个扫描周期的输入处理阶段才能被采样到。

(二) 程序执行阶段

在程序执行阶段,PLC 对程序按顺序进行扫描执行。若程序用梯形图来表示,则总是按先上后下、先左后右的顺序进行。当遇到程序跳转指令时,则根据跳转条件是否满足来决定程序是否跳转。当指令中涉及输入、输出状态时,PLC 从输入映像寄存器和元件映像寄存器中读出,根据用户程序进行运算,运算的结果再存入元件映像寄存器中。对于元件映像寄存器来说,其内容会随程序执行的过程发生变化。

(三) 输出刷新阶段

当所有程序执行完毕后,进入输出处理阶段。在这一阶段里,PLC 将输出映像寄存器中与输出有关的状态(输出继电器状态)转存到输出锁存器中,并通过一定方式输出,驱动外部负载。

值得注意的是,由于 PLC 采用循环扫描的工作方式,而且对输入和输出信号只在每个扫描周期的 I/O 刷新阶段集中输入并集中输出,所以必然会产生输出信号相对输入信号的滞后现象。扫描周期越长,滞后现象越严重。

七、PLC 的编程语言

(一) 梯形图(Ladder Diagram)

梯形图是一种以图形符号及图形符号在图中的相互关系表示控制关系的编程语言,它是从继电器控制电路图演变过来的。梯形图将继电器控制电路图进行简化,同时加入了许多功能强大、使用灵活的指令,将微机的特点结合进去,使编程更加容易,而实现的功能却大大超过传统继电器控制电路图,是目前最普通的一种可编程控制器编程语言。如图 3.7 所示。

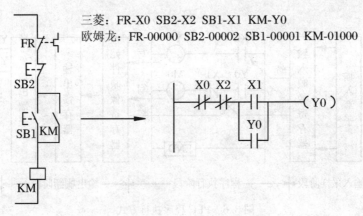

图 3.7 梯形图

(二) 指令表(Instruction List)

梯形图编程语言的优点是直观、简便,但要求用带 CRT 屏幕显示的图形编程器才能输入图形符号。小型的编程器一般无法满足,常常采用经济便携的编程器(指令编程器)将程序输入到可编程控制器中,这种编程方法使用指令语句(助记符语言),它类似于微机中的汇编语言。

语句是指令语句表编程语言的基本单元,每个控制功能由一个或多个语句组成的程序来执行。每条语句规定可编程控制器中 CPU 如何动作的指令。它是由操作码和操作数组成的。

操作码用助记符表示要执行的功能,操作数(参数)表明操作的地址或一个预先设定的值。欧姆龙、松下、三菱可编程控制器指令语句程序略有区别。上述电动机自锁控制用三菱和欧姆龙编写的指令语言如下:

```
三菱:              欧姆龙:
LDI X0            LD NOT 00000
ANI X2            AND NOT 00002
LD X1             LD 00001
```

项目三　学习 PLC 基本知识

```
OR Y0              OR 01000
ANI                AND LD
OUT Y0             OUT 01000
END                END
```

(三) 顺序功能图(Sequential Chart)

顺序功能图常用来编制顺序控制类程序。它包含步、动作、转换三个要素,如图 3.8 所示。顺序功能编程法可将一个复杂的控制过程分解为一些小的顺序控制要求连接组合成整体的控制程序。顺序功能图法体现了一种编程思想,在程序的编制中具有很重要的意义。在介绍步进梯形指令时将详细介绍顺序功能图编程法。

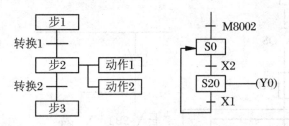

图 3.8　顺序功能图

(四) 功能块图(Function Block Diagram)

功能图编程语言实际上是用逻辑功能符号组成的功能块来表达命令的图形语言。与数字电路中逻辑图一样,它极易表现条件与结果之间的逻辑功能。

如图 3.9 所示,这种编程方法根据信息流将各种功能块加以组合,是一种逐步发展起来的新式的编程语言,正在受到各种可编程控制器厂家的重视。

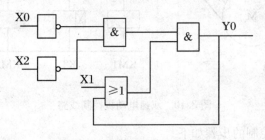

图 3.9　功能块图编程语言图

(五) 结构文本(Structure Text)

随着可编程控制器的飞速发展,如果许多高级功能还是用梯形图来表示,会很不方便。为了增强可编程控制器的数字运算、数据处理、图表显示、报表打印等功能,方便用户的使用,许多大中型可编程控制器都配备了 PASCAL,BASIC,C 等高级编程语言。这种编程方式叫作结构文本。与梯形图相比,结构文本有两个很大的优点:其一,能实现复杂的数学运算;其二,非常简洁和紧凑。用结构文本编制极其复杂的数学运算程序只占一页纸。结构文本用来编制逻辑运算程序也很容易。

以上编程语言的五种表达方式是由国际电工委员会 1994 年 5 月在可编程控制器标准

中推荐的。对于一款具体的可编程控制器,生产厂家可在这五种表达方式中提供其中的几种编程语言供用户选择。也就是说,并不是所有的可编程控制器都支持全部的五种编程语言。

现通过一个实际的例子,把继电器-接触器控制转为 PLC 控制,读者由此可以对 PLC 控制原理有一个初步的了解。

图 3.10 为双速电动机控制线路。其工作原理如下:按启动按钮 SB2,KM1 和 KT 通电,KM1 通电使电动机接为△形,电动机低速启动;KT 通电计时,时间到,断开 KM1,接通 KM2 和 KM3,电动机为 YY 形接线,高速运行。

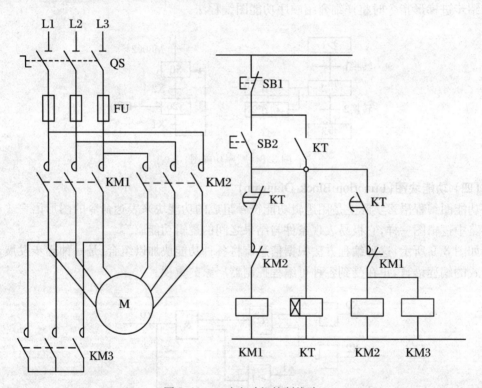

图 3.10 双速电动机控制线路

电路转换为 PLC 控制的步骤如下。

1. 分类(元件分类)

电路图中元件大体可以分为三类:输入元件,包括按钮、行程开关、手动开关、热继电器、传感器等;内部元件,包括中间继电器、时间继电器、计数器等;输出元件,包括接触器、信号灯、电磁阀等。

注意:

(1) PLC 在电路中涉及的中间、时间继电器比较多时,更能突出其优越性;

(2) PLC 用来替代常规的继电器-接触器控制,主要是针对二次线路,一次线路基本不变。

以上电路元件分类如下:输入元件,包括 SB1,SB2(本例中热继电器省略没使用);内部元件,包括 KT;输出元件,包括 KM1,KM2,KM3。

2. 分配(通道分配)

(1) 通道的概念

PLC 中的继电器是软继电器,也叫作"点",不是物理意义上的继电器。这些继电器有不同的类型,为了区分和寻址,这些继电器"放在不同的通道里面",对于欧姆龙 CPM1A 型 PLC,部分通道的划分如表 3.3 所示。

表 3.3 通道划分样例表

通道号	位号															
000CH	00	01	02	03	04	05	06	07	08	09	10	11	12	13	14	15
⋮	⋮	⋮	⋮	⋮	⋮	⋮	⋮	⋮	⋮	⋮	⋮	⋮	⋮	⋮	⋮	⋮
009CH	00	01	02	03	04	05	06	07	08	09	10	11	12	13	14	15
010CH	00	01	02	03	04	05	06	07	08	09	10	11	12	13	14	15
⋮	⋮	⋮	⋮	⋮	⋮	⋮	⋮	⋮	⋮	⋮	⋮	⋮	⋮	⋮	⋮	⋮
019CH	00	01	02	03	04	05	06	07	08	09	10	11	12	13	14	15
200CH																
⋮	⋮	⋮	⋮	⋮	⋮	⋮	⋮	⋮	⋮	⋮	⋮	⋮	⋮	⋮	⋮	⋮
231CH	00	01	02	03	04	05	06	07	08	09	10	11	12	13	14	15

在三菱 PLC 中,元件有位元件、字元件、双字元件和位组合元件等形式,我们将在后续课程中逐步加以认识。

(2) 通道分配

简单地说,通道分配就是把上述分类出来的三种元件分配一个 PLC 软元件与之对应。本例分配情况见表3.4。

表 3.4 通道划分样例表

输	入	内	部	输	出
SB1	X1	KT	T0(5 s)	KM1	Y1
SB2	X2			KM2	Y2
				KM3	Y3

3. 画图(外围接线图)

画外围接线图时,要注意:

(1) 输入端按钮均采用常开触点,这样转换的梯形图与原图相对应;

(2) 负载电源根据所接负载不同而不同。

本例外围接线图如图 3.11 所示。

4. 转换(控制线路转换为梯形图)

把原控制线路(二次)逆时针旋转90°,把对应的触点用PLC规定的画法替换掉。重新安排一下各支路顺序结构,如图3.12所示。

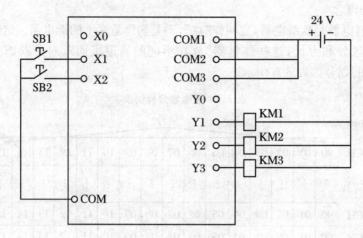

图 3.11　PLC 外围接线图

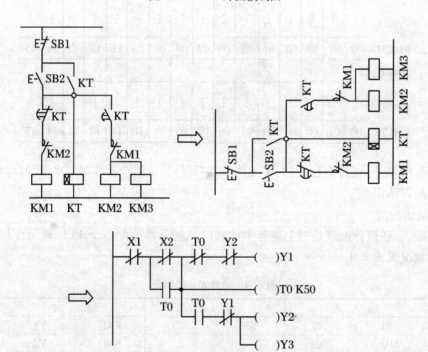

图 3.12　电路图转化过程

5. 完善(处理 PLC 中的 KT 瞬时触点的问题、KT 断电延时的问题、梯形图化简或分解等问题)

本例中主要涉及的问题是:原电路图中用 KT 的瞬时触点来构成自锁,但 PLC 中,不存在同一个时间继电器既有瞬时触点,又有延时触点,定时器(时间继电器)时间一旦设定,则所有触点均按设定时间动作,因此,简单地进行变换后,还要具体分析,涉及这些问题要想办法解决。

如何解决？对于本例中的问题，解决方法是：增加一个中间继电器（当然，也可以用其他继电器，如输入、输出等，但尽量用内部中间继电器要好一些），让这个继电器的动作与时间继电器同步，然后把原来用时间继电器瞬时触点作为自锁改为新增加的继电器常开即可，如图 3.13 所示。

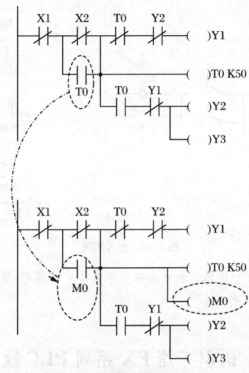

图 3.13　转化后的梯形图完善

6. 指令（梯形图绘制好后，就可以写出指令表）

如果采用手持编程器进行程序输入，则这一步是需要的；如果直接用上位机编程，就可以直接在电脑里画出梯形图，不需要变成指令形式，此处不再叙述指令。

7. 输入调试

完成以上 6 步后，就可以到实验室进行实际接线、程序输入并调试。

通过上面的例子，我们可以直观地感觉到，其实 PLC 并不神秘，也并不难，作为 PLC，一开始的定位就是面向一线的技术人员，采用的语言也是一种简单易学、便于理解和掌握的"自然语言"。只要掌握了一定的电气控制线路理论和技能，就能很容易，也很快捷地入门并逐步深入。

【总结与思考】

1. 总结

PLC 是一种工业环境下的专用计算机，它采用贴近生活的"自然语言"进行编程，具有功能强大、易学易用、体积小、重量轻等特点,备受人们青睐。作为现代工业的三大支柱之一的 PLC,已逐渐被人们熟知和掌握,现已广泛应用于诸多领域。

2．思考

(1) 试写出图 3.14(a)和(b)所示电路的真值表及逻辑代数式。

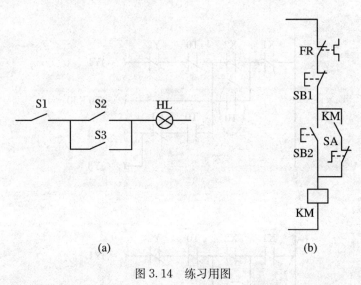

图 3.14 练习用图

(2) 仿本任务中的实例,按照步骤完成电动机的正反转控制、顺序启动、Y/△降压启动控制线路的 PLC 控制的转换。

任务二　认识三菱 FX 系列 PLC 软继电器

FX 系列 PLC 是日本三菱公司近年推出的小型 PLC,具有体积小、外形美观、系统配置灵活、功能强大等特点,在生产实际中有广泛应用。图 3.15 为 FX2N-48MR 实物图。

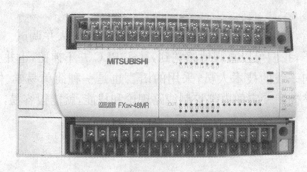

图 3.15 三菱 PLC 实物图

一、FX 系列 PLC 型号说明

FX 系列 PLC 型号的含义如下：

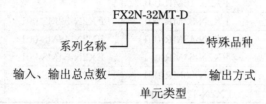

其中系列名称：FX 后的 2N 为子系列名称，如 1S,1N,2N,2NC 等。

单元类型：M——基本单元；

　　　　　E——输入、输出混合扩展单元；

　　　　　Ex——扩展输入模块；

　　　　　EY——扩展输出模块。

输出方式：R——继电器输出；

　　　　　S——晶闸管输出；

　　　　　T——晶体管输出。

特殊品种：D——DC 电源，DC 输出；

　　　　　A1——AC 电源，AC(AC 100～120 V)输入或 AC 输出模块；

　　　　　H——大电流输出扩展模块；

　　　　　V——立式端子排的扩展模块；

　　　　　C——接插口输入、输出方式；

　　　　　F——输入滤波时间常数为 1 ms 的扩展模块。

如果特殊品种中一项无符号，为 AC 电源、DC 输入、横式端子排、标准输出。

FX2N-32MT-D 表示：FX2N 系列，32 个 I/O 点基本单位，晶体管输出，使用直流电源，24 V 直流输出型。

不同厂家、不同系列的 PLC，其内部软继电器（编程元件）的功能和编号也不相同，因此用户在编制程序时，必须熟悉所选用 PLC 的每条指令涉及编程元件的功能和编号。FX 系列主要产品如表 3.5 所示。表 3.6 为 FX2N 系列 PLC 基本单元。

表 3.5 FX 系列主要产品

FX1S 系列 PLC 型号	FX1S-10MR	FX1S-14MR	FX1S-20MR	FX1S-30MR
	FX1S-10MT	FX1S-14MT	FX1S-20MT	FX1S-30MT
	FX1S-10MR-D	FX1S-14MR-D	FX1S-20MR-D	FX1S-30MR-D
	FX1S-10MT-D	FX1S-14MT-D	FX1S-20MT-D	FX1S-30MT-D
FX1N 系列 PLC 型号	FX1N-14MR	FX1N-24MR	FX1N-40MR	FX1N-60MR
FX2N 系列 PLC 型号	FX2N-16MR	FX2N-32MR	FX2N-48MR	FX2N-64MR
	FX2N-80MR	FX2N-128MR		

表 3.6　FX2N 系列 PLC 基本单元

输入、输出总点数	输入点数	输出点数	FX2N 系列 AC 电源，DC 输入		
			继电器输出	晶闸管输出	晶体管输出
16	8	8	FX2N-16MR-001	—	FX2N-16MT-001
32	16	16	FX2N-32MR-001	FX2N-32MS-001	FX2N-32MT-001
48	24	24	FX2N-48MR-001	FX2N-48MS-001	FX2N-48MT-001
64	32	32	FX2N-64MR-001	FX2N-64MS-001	FX2N-64MT-001
80	40	40	FX2N-80MR-001	FX2N-80MS-001	FX2N-80MT-001
128	64	64	FX2N-128MR-001	—	FX2N-128MT-001

二、FX 系列 PLC 外部接线图

（一）FX 系列 PLC 基本单元端子排图

图 3.16 为三菱 FX2N-48MR 型 PLC 基本单元端子排列图。其中，X 为输入端子，Y 为输出端子。图中输入部分的 COM 点是输入的公共点；输出部分有 COM1，COM2，COM3，…，是输出的公共点，这些输出点构成不同组输出，各组公共点之间互相隔离。对共用一个公共点的同一组输出，必须用同一电压类型和等级的电源电压，不同公共点组可以使用不同的电压类型和等级。例如图中 Y0，Y1，Y2，Y3 共用 COM1，Y4，Y5，Y6，Y7 共用 COM2……如果各组均采用同一电压类型和等级电源，各组公共端需要连通。

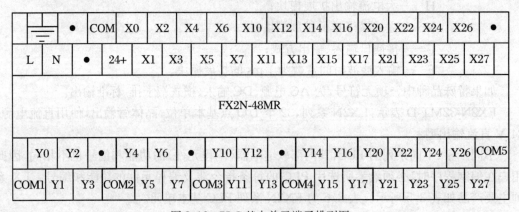

图 3.16　PLC 基本单元端子排列图

（二）FX 系列 PLC 基本单元外围接线

FX 系列 PLC 基本单元外围接线如图 3.17 所示。输入信号回路用电源室 PLC 内部提供的 DC 24 V 电源，接线时把输入元件的一端接 PLC 的输入端 X，所有输入元件的另外一端并在一起接输入侧 COM 端，输出负载一端接 PLC 的输出端，另外一端根据负载需用电源的不同，可采用分隔式或汇点式输出的接线方式。如图 3.17 所示。

项目三 学习 PLC 基本知识

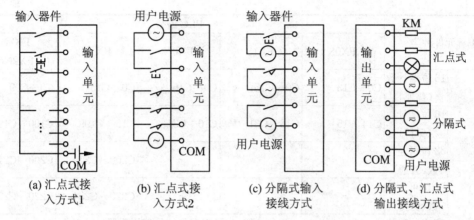

图 3.17 FX 系列 PLC 基本单元外围接线

三、FX 系列 PLC 软继电器

FX 系列中几种常用型号 PLC 的编程元件及编号如表 3.7 所示。FX 系列 PLC 编程元件的编号由字母和数字组成,其中输入继电器和输出继电器用八进制数字编号,其他均采用十进制数字编号。为了能全面了解 FX 系列 PLC 的内部软继电器,本书以 FX2N 为背景进行介绍。

表 3.7 FX 系列 PLC 的内部软继电器及编号

编程元件种类		PLC 型号				
		FX0S	FX1S	FX0N	FX1N	FX2N（FX2NC）
输入继电器 X（按八进制编号）		X0~X17（不可扩展）	X0~X17（不可扩展）	X0~X43（可扩展）	X0~X43（可扩展）	X0~X77（可扩展）
输出继电器 Y（按八进制编号）		Y0~Y15（不可扩展）	Y0~Y15（不可扩展）	Y0~Y27（可扩展）	Y0~Y27（可扩展）	Y0~Y77（可扩展）
辅助继电器 M	普通用	M0~M495	M0~M383	M0~M383	M0~M383	M0~M499
	保持用	M496~M511	M384~M511	M384~M511	M384~M1535	M500~M3071
	特殊用	M8000~M8255（具体见使用手册)				
状态寄存器 S	初始状态用	S0~S9	S0~S9	S0~S9	S0~S9	S0~S9
	返回原点用	—	—	—	—	S10~S19
	普通用	S10~S63	S10~S127	S10~S127	S10~S999	S20~S499
	保持用	—	S0~S127	S0~S127	S0~S999	S500~S899
	信号报警用	—	—	—	—	S900~S999
定时器 T	100 ms	T0~T49	T0~T62	T0~T62	T0~T199	T0~T199
	10 ms	T24~T49	T32~T62	T32~T62	T200~T245	T200~T245
	1 ms	—	—	T63	—	—
	1 ms 累积	—	T63	—	T246~T249	T246~T249
	100 ms 累积	—	—	—	T250~T255	T250~T255

续表

编程元件种类		PLC 型号				
		FX0S	FX1S	FX0N	FX1N	FX2N（FX2NC）
计数器 C	16 位增计数（普通）	C0~C13	C0~C15	C0~C15	C0~C15	C0~C99
	16 位增计数（保持）	C14,C15	C16~C31	C16~C31	C16~C199	C100~C199
	32 位可逆计数（普通）	-	-	-	C200~C219	C200~C219
	32 位可逆计数（保持）	-	-	-	C220~C234	C220~C234
	高速计数器	C235~C255（具体见使用手册）				
数据寄存器 D	16 位普通用	D0~D29	D0~D127	D0~D127	D0~D127	D0~D199
	16 位保持用	D30,D31	D128~D255	D128~D255	D128~D7999	D200~D7999
	16 位特殊用	D8000~D8069	D8000~D8255	D8000~D8255	D8000~D8255	D8000~D8195
	16 位变址用	V Z	V0~V7 Z0~Z7	V Z	V0~V7 Z0~Z7	V0~V7 Z0~Z7
指针 N,P,I	嵌套用	N0~N7	N0~N7	N0~N7	N0~N7	N0~N7
	跳转用	P0~P63	P0~P63	P0~P63	P0~P127	P0~P127
	输入中断用	I00*~I30*	I00*~I50*	I00*~I30*	I00*~I50*	I00*~I50*
	定时器中断	-	-	-	-	I6**~I8**
	计数器中断	-	-	-	-	I010~I060
常数 K,H	16 位	K：-32,768~32,767			H：0000~FFFFH	
	32 位	K：-2,147,483,648~2,147,483,647			H：00000000~FFFFFFFF	

软继电器常开、常闭触点无使用次数限制。

（一）输入继电器(X)

FX 系列 PLC 的输入继电器以八进制进行编号，FX2N 输入继电器的编号范围为 X000~X267(184 点)。注意，基本单元输入继电器的编号是固定的，扩展单元和扩展模块从与基本单元最靠近处开始，顺序进行编号。例如，基本单元 FX2N-64M 的输入继电器编号为 X000~X037(32 点)，如果接有扩展单元或扩展模块，则扩展的输入继电器从 X040 开始编号。

输入继电器只能由外部信号驱动，因而在梯形图中只可能出现其接点，而不会出现其线圈。而内部继电器和输出继电器不是由外部信号驱动，故无法直接把外部输入信号接在其线圈上。

（二）输出继电器(Y)

输出继电器是用来将 PLC 内部信号输出传送给外部负载（用户输出设备）。输出继电器线圈是由 PLC 内部程序的指令驱动，其线圈状态传送给输出单元，再由输出单元对应的硬触点来驱动外部负载。

每个输出继电器在输出单元中都对应有唯一一个常开硬触点，但在程序中供编程的输出继电器，不管是常开还是常闭触点，都可以无数次使用。

FX 系列 PLC 的输出继电器也是八进制编号，其中 FX2N 编号范围为 Y000~Y267

(184点)。与输入继电器一样,基本单元的输出继电器编号是固定的,扩展单元和扩展模块的编号也是从与基本单元最靠近处开始,顺序进行编号。

在实际使用中,输入、输出继电器的使用数量,要看具体系统的配置情况。

(三) 辅助继电器(M)

辅助继电器是 PLC 中数量最多的一种继电器,一般的辅助继电器与继电器控制系统中的中间继电器相似。

辅助继电器不能直接驱动外部负载,负载只能由输出继电器的外部触点驱动。辅助继电器的常开与常闭触点在 PLC 内部编程时可无限次使用。

辅助继电器采用 M 与十进制数共同组成编号(只有输入、输出继电器才用八进制数)。

1. 通用辅助继电器(M0～M499)

FX2N 系列共有 500 点通用辅助继电器。通用辅助继电器在 PLC 运行时,如果电源突然断电,则全部线圈均处于 OFF 状态。当电源再次接通时,除了因外部输入信号而变成"ON"状态的以外,其余的仍将保持"OFF"状态,它们没有断电保护功能。通用辅助继电器常在逻辑运算中用以辅助运算、状态暂存、移位等。

根据需要可通过程序设定,将 M0～M499 变为断电保持辅助继电器。

2. 断电保持辅助继电器(M500～M3071)

FX2N 系列有 M500～M3071 共 2 572 个断电保持辅助继电器。它与普通辅助继电器不同的是具有断电保护功能,即能记忆电源中断瞬时的状态,并在重新通电后再现其状态。它之所以能在电源断电时保持其原有的状态,是因为电源中断时用 PLC 中的锂电池保持它们的映像寄存器中的内容。其中 M500～M1023 可由软件将其设定为通用辅助继电器。

3. 特殊辅助继电器

PLC 内有大量的特殊辅助继电器,它们都有各自的特殊功能。FX2N 系列中有 256 个特殊辅助继电器,可分成触点型和线圈型两大类。

(1)触点型 其线圈由 PLC 自动驱动,用户只可使用其触点。例如:

M8000:运行监视器(在 PLC 运行中接通),M8001 与 M8000 具有相反的逻辑。

M8002:初始脉冲(PLC 运行开始时接通 1 个扫描周期),M8003 与 M8002 具有相反的逻辑。

M8011,M8012,M8013 和 M8014 分别是产生 10 ms、100 ms、1 s 和 1 min 时钟脉冲的特殊辅助继电器。

M8000,M8002,M8012 的波形图如图 3.18 所示。

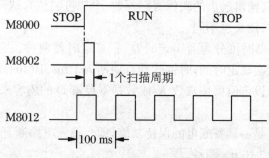

图 3.18　M8000,M8002,M8012 波形图

(2) 线圈型 由用户程序驱动线圈后 PLC 执行特定的动作。例如：

M8033：若使其线圈得电，则 PLC 停止时保持输出映像存储器和数据寄存器中的内容。

M8034：若使其线圈得电，则将 PLC 的输出全部禁止。

M8039：若使其线圈得电，则 PLC 按 D8039 中指定的扫描时间工作。

（四）状态继电器（S）

状态器用来记录系统运行中的状态。它是编制顺序控制程序的重要编程元件，与后述的步进顺控指令 STL 配合应用。

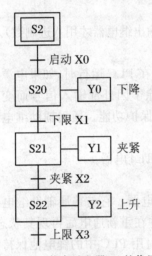

图 3.19 状态继电器（S）的作用

如图 3.19 所示，我们用机械手动作简单介绍状态器 S 的作用。当启动信号 X0 有效时，机械手下降，到下降限位 X1 开始夹紧工件，加紧到位信号 X2 为 ON 时，机械手上升到上限 X3 则停止。整个过程可分为三步，每一步都用一个状态器 S20,S21,S22 记录。每个状态器都有各自的置位和复位信号（如 S21 由 X1 置位，X2 复位），并有各自要做的操作（驱动 Y0,Y1,Y2）。从启动开始由上至下随着状态动作的转移，下一状态动作则上面状态自动返回原状。这样使每一步的工作互不干扰，不必考虑不同步之间元件的互锁，使设计清晰简洁。

状态器有五种类型：初始状态器 S0～S9 共 10 点；回零状态器 S10～S19 共 10 点；通用状态器 S20～S499 共 480 点；具有状态断电保持的状态器 S500～S899 共 400 点；供报警用的状态器（可用作外部故障诊断输出）S900～S999 共 100 点。

在使用状态器时，应注意：

(1) 状态器与辅助继电器一样有无数的常开和常闭触点；

(2) 状态器不与步进顺控指令 STL 配合使用时，可作为辅助继电器 M 使用；

(3) FX2N 系列 PLC 可通过程序设定将 S0～S499 设置为有断电保持功能的状态器。

（五）定时器（T）

PLC 中的定时器（T）相当于继电器控制系统中的通电型时间继电器。它可以提供无限对常开常闭延时触点。定时器中有一个设定值寄存器（一个字长）、一个当前值寄存器（一个字长）和一个用来存储其输出触点的映像寄存器（一个二进制位），这三个量使用同一地址编号。但使用场合不一样，意义也不同。

FX2N 系列中定时器时可分为通用定时器、积算定时器两种。它们是通过对一定周期的时钟脉冲进行累计而实现定时的，时钟脉冲有周期为 1 ms、10 ms、100 ms 三种，当计数达到设定值时触点动作。设定值可用常数 K 或数据寄存器 D 的内容来设置。

1. 通用定时器

通用定时器的特点是不具备断电的保持功能，即当输入电路断开或停电时定时器复位。通用定时器有 100 ms 和 10 ms 两种。

(1) 100 ms 通用定时器（T0～T199） 共 200 点，其中 T192～T199 为子程序和中断服

务程序专用定时器。这类定时器对 100 ms 时钟累积计数,设定值为 1~32 767,所以其定时范围为 0.1~3 276.7 s。

(2) 10 ms 通用定时器(T200~T245) 共 46 点。这类定时器对 10 ms 时钟累积计数,设定值为 1~32 767,所以其定时范围为 0.01~327.67 s。

下面举例说明通用定时器的工作原理。如图 3.20 所示,当输入 X0 接通时,定时器 T200 从 0 开始对 10 ms 时钟脉冲进行累积计数,当计数值与设定值 K123 相等时,定时器的常开接通 Y0,经过的时间为 123×0.01 s=1.23 s。当 X0 断开后定时器复位,计数值变为 0,其常开触点断开,Y0 也随之关闭。若外部电源断电,定时器也将复位。

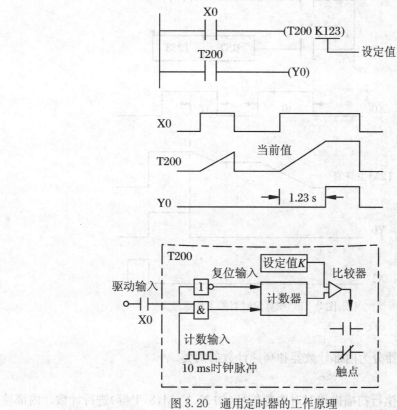

图 3.20 通用定时器的工作原理

2. 积算定时器

积算定时器具有计数累积的功能。在定时过程中,如果断电或定时器线圈关闭,积算定时器将保持当前的计数值(当前值),通电或定时器线圈启动后继续累积,即其当前值具有保持功能,只有将积算定时器复位,当前值才变为 0。

(1) 1 ms 积算定时器(T246~T249) 共 4 点,是对 1 ms 时钟脉冲进行累积计数的,定时的时间范围为 0.001~32.767 s。

(2) 100 ms 积算定时器(T250~T255) 共 6 点,是对 100 ms 时钟脉冲进行累积计数的,定时的时间范围为 0.1~3 276.7 s。

以下举例说明积算定时器的工作原理。如图 3.21 所示,当 X0 接通时,T253 当前值计数器开始累积 100 ms 的时钟脉冲的个数。当 X0 经 t0 后断开,而 T253 尚未计数到设定值 K345,其计数的当前值保留。当 X0 再次接通时,T253 从保留的当前值开始继续累积,经过 t1 时间,当前值达到 K345 时,定时器的触点动作。累积的时间为 t0 + t1 = 0.1×345 = 34.5(s)。当复位输入 X1 接通时,定时器才复位,当前值变为 0,触点也跟随复位。

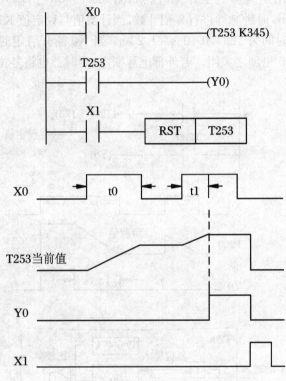

图 3.21 积算定时器的工作原理

(六) 计数器(C)

FX2N 系列计数器分为内部计数器和高速计数器两类。

1. 内部计数器

内部计数器是在执行扫描操作时对内部信号(如 X,Y,M,S,T 等)进行计数。内部输入信号的接通和断开时间应比 PLC 的扫描周期稍长。

(1) 16 位增计数器(C0~C199) 共 200 点,其中 C0~C99 为通用型,C100~C199(共 100 点)为断电保持型(断电保持型即断电后能保持当前值,待通电后继续计数)。这类计数器为递加计数,应用前先对其设置一定值,当输入信号(上升沿)个数累加到设定值时,计数器动作,其常开触点闭合,常闭触点断开。计数器的设定值为 1~32 767(16 位二进制),设定值除了用常数 K 设定外,还可间接通过指定数据寄存器设定。

下面举例说明通用型 16 位增计数器的工作原理。如图 3.22 所示,X10 为复位信号,当 X10 为 ON 时 C0 复位。X11 是计数输入,每当 X11 接通一次计数器当前值增加 1(注意 X10 断开,计数器不会复位)。当计数器计数当前值为设定值 10 时,计数器 C0 的输出触点动作,Y0 被接通。此后,即使输入 X11 再接通,计数器的当前值也保持不变。当复位输入

X10接通时,执行RST复位指令,计数器复位,输出触点也复位,Y0被断开。

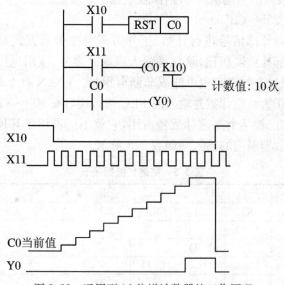

图 3.22　通用型 16 位增计数器的工作原理

(2) 32 位增/减计数器(C200~C234)　共有 35 点 32 位增/减计数器,其中 C200~C219(共 20 点)为通用型,C220~C234(共 15 点)为断电保持型。这类计数器与 16 位增计数器除位数不同外,还在于它能通过控制实现增/减双向计数。设定值范围均为 -214 783 648~+214 783 647(32 位)。

C200~C234 是增计数还是减计数,分别由特殊辅助继电器 M8200~M8234 设定。对应的特殊辅助继电器被置为 ON 时为减计数,置为 OFF 时为增计数。

计数器的设定值与 16 位计数器一样,可直接用常数 *K* 或间接用数据寄存器 D 的内容作为设定值。在间接设定时,要用编号紧连在一起的两个数据计数器。

如图 3.23 所示,X10 用来控制 M8200,X10 闭合时为减计数方式。X12 为计数输入,C200 的设定值为 5(可正可负)。设 C200 置为增计数方式(M8200 置为 OFF),当 X12 计数输入累加由 4 到 5 时,计数器的输出触点动作。当前值大于 5 时计数器仍为 ON 状态。只

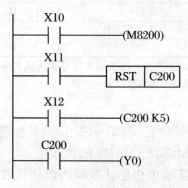

图 3.23　32 位增/减计数器

有当前值由 5 到 4 时，计数器才变为 OFF。只要当前值小于 4，则输出保持 OFF 状态。复位输入 X11 接通时，计数器的当前值为 0，输出触点也随之复位。

2. 高速计数器（C235～C255）

高速计数器用来对外部信号进行计数，工作方式是按中断方式运行的，与扫描周期无关。高速计数器与内部计数器相比，除允许输入频率高之外，应用也更为灵活，高速计数器均有断电保持功能，通过参数设定也可变成非断电保持。FX2N 有 C235～C255 共 21 点高速计数器。适合用来作为高速计数器输入的 PLC 输入端口有 X0～X7。X0～X7 不能重复使用，即某一个输入端已被某个高速计数器占用，它就不能再用于其他高速计数器，也不能用作他用。各高速计数器对应的输入端如表 3.8 所示。

表 3.8 高速计数器简表

计数器		输 入							
		X0	X1	X2	X3	X4	X5	X6	X7
单相单计数输入	C235	U/D							
	C236		U/D						
	C237			U/D					
	C238				U/D				
	C239					U/D			
	C240						U/D		
	C241	U/D	R						
	C242			U/D	R				
	C243				U/D	R			
	C244	U/D	R					S	
	C245				U/D	R			S
单相双计数输入	C246	U	D						
	C247	U	D	R					
	C248				U	D	R		
	C249	U	D	R				S	
	C250				U	D	R		S
双相	C251	A	B						
	C252	A	B	R					
	C253				A	B	R		
	C254	A	B	R				S	
	C255				A	B	R		S

表中：U 表示加计数输入，D 为减计数输入，B 为 B 相输入，A 为 A 相输入，R 为复位输入，S 为启动输入。X6，X7 只能用作启动信号，而不能用作计数信号。

高速计数器可分为：

（1）单相单计数输入高速计数器（C235～C245） 其触点动作与 32 位增/减计数器相同，可进行增、减计数（取决于 M8235～M8245 的状态）。

图 3.24(a)为无启动/复位端单相单计数输入高速计数器的应用。当 X10 断开时，M8235 置为 OFF。此时，C235 为增计数方式（反之为减计数）。由 X12 选中 C235，从表 3.8 可知其输入信号来自于 X0，C235 对 X0 信号增计数，当前值达到 1234 时，C235 常开接通，

Y0得电。X11为复位信号,当X11接通时,C235复位。

图3.24(b)为带启动/复位端单相单计数输入高速计数器的应用。由表3.8可知,X1和X6分别为复位输入端和启动输入端。利用X10,通过M8244可设定其增/减计数方式。当X12接通,且X6也接通时,则开始计数,计数的输入信号来自于X0,C244的设定值由D0和D1指定。除了可用X1立即复位外,也可用梯形图中的X11复位。

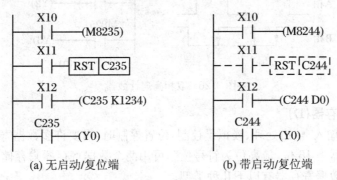

图3.24 单相单计数输入高速计数器

(2) 单相双计数输入高速计数器(C246~C250) 这类高速计数器具有两个输入端,一个为增计数输入端,另一个为减计数输入端。利用M8246~M8250的ON/OFF动作可监控C246~C250的增计数/减计数动作。

如图3.25所示,X10为复位信号,若其有效(ON)则C248复位。由表3.4可知,也可利用X5对其复位。当X11接通时,选中C248,输入来自X3和X4。

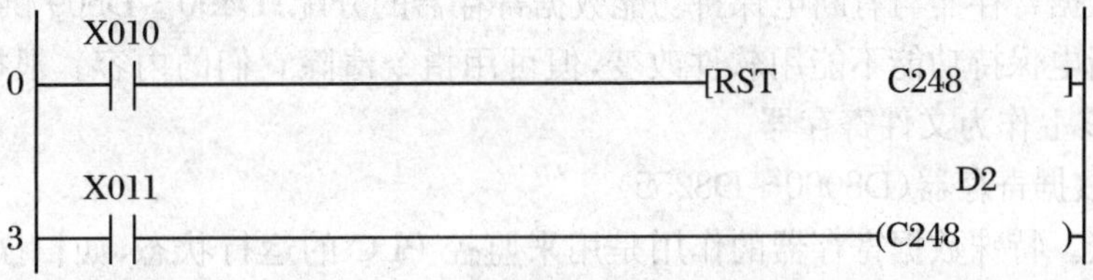

图3.25 单相双计数输入高速计数器

(3) 双相高速计数器(C251~C255) A相和B相信号决定计数器是增计数还是减计数。当A相置为ON时,B相由OFF到ON,则为增计数;当A相置为ON时,若B相由ON到OFF,则为减计数,如图3.26(a)所示。

如图3.26(b)所示,当X12接通时,C251计数开始。由表3.4可知,其输入来自X0(A相)和X1(B相)。只有当计数使当前值超过设定值时,Y2才置为ON。如果X11接通,则计数器复位。根据不同的计数方向,Y3置为ON(增计数)或OFF(减计数),即用M8251~M8255,可监视C251~C255的加/减计数状态。

注意:高速计数器的计数频率较高,它们的输入信号的频率受两方面的限制,一是全部高速计数器的处理时间。因它们采用中断方式,所以计数器用得越少,则可计数频率就越高。二是输入端的响应速度,其中X0,X2,X3的最高频率为10 kHz,X1,X4,X5的最高频率为7 kHz。

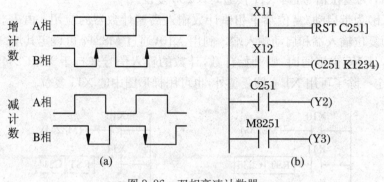

图 3.26 双相高速计数器

(七) 数据寄存器(D)

PLC 在进行输入/输出处理、模拟量控制、位置控制时,需要许多数据寄存器存储数据和参数。数据寄存器为 16 位,最高位为符号位。可用两个数据寄存器来存储 32 位数据,最高位仍为符号位。数据寄存器有以下几种类型。

1. 通用数据寄存器(D0~D199)

共 200 点。当 M8033 置为 ON 时,D0~D199 有断电保持功能;当 M8033 置为 OFF 时,则它们无断电保持功能,这种情况下,PLC 由 RUN 至 STOP 或停电时,数据全部清零。

2. 断电保持数据寄存器(D200~D7999)

共 7 800 点,其中 D200~D511(共 12 点)有断电保持功能,可以利用外部设备的参数设定改变通用数据寄存器与有断电保持功能数据寄存器的分配;D490~D509 供通信用;D512~D7999 的断电保持功能不能用软件改变,但可用指令清除它们的内容。根据参数设定可以将 D1000 以上作为文件寄存器。

3. 特殊数据寄存器(D8000~D8255)

共 256 点。特殊数据寄存器的作用是用来监控 PLC 的运行状态,如扫描时间、电池电压等。未加定义的特殊数据寄存器,用户不能使用。具体可参见用户手册。

4. 变址寄存器(V/Z)

FX2N 系列 PLC 有 V0~V7 和 Z0~Z7 共 16 个变址寄存器,它们都是 16 位寄存器。变址寄存器 V/Z 实际上是一种有特殊用途的数据寄存器,其作用相当于微机中的变址寄存器,用于改变元件的编号(变址),例如,V0=5,则执行 D20V0 时,被执行的编号为 D25(D20+5)。变址寄存器可以像其他数据寄存器一样进行读写,需要进行 32 位操作时,可将 V,Z 串联使用(Z 为低位,V 为高位)。

(八) 指针(P,I)

在 FX 系列中,指针用来指示分支指令的跳转目标和中断程序的入口标号,分为分支指针和中断指针。

1. 分支指针(P0~P127)

FX2N 有 P0~P127 共 128 点分支指针。分支指针用来指示跳转指令(CJ)的跳转目标或子程序调用指令(CALL)调用子程序的入口地址。

如图 3.27 所示,当 X1 常开接通时,执行跳转指令 CJ P0,PLC 跳到标号为 P0 处之后的程序去执行。

2. 中断指针(I0~I8)

中断指针用来指示某一中断程序的入口位置。执行中断后遇到 IRET(中断返回)指令,则返回主程序。中断指针有以下三种类型:

(1) 输入中断指针(I00~I50) 共 6 点,它是用来指示由特定输入端的输入信号而产生中断的中断服务程序的入口位置,这类中断不受 PLC 扫描周期的影响,可以及时处理外界信息。输入中断指针的编号格式如下:

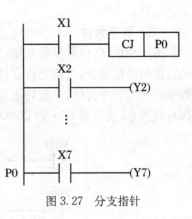

图 3.27 分支指针

```
I  □ □
      └─ 0:下降沿中断
         1:上升沿中断
   └──── 输入号(0~5),对应输入 X0~X5 且每个只能用一次
```

例如,I101 表示当输入 X1 从 OFF 至 ON 变化时,执行以 I101 为标号后面的中断程序,并根据 IRET 指令返回。

(2) 定时器中断指针(I6~I8) 共 3 点,用来指示周期定时中断的中断服务程序的入口位置,这类中断的作用是 PLC 以指定的周期定时执行中断服务程序,定时循环处理某些任务。处理的时间也不受 PLC 扫描周期的限制。表示定时范围,可在 10~99 ms 中选取。

(3) 计数器中断指针(I010~I060) 共 6 点,它们用在 PLC 内置的高速计数器中。根据高速计数器的记录当前值与计数设定值之关系确定是否执行中断服务程序。它常用于利用高速计数器优先处理计数结果的场合。

(九) 常数(K,H)

K 是表示十进制整数的符号,主要用来指定定时器或计数器的设定值及应用功能指令操作数中的数值;H 表示十六进制数,主要用来表示应用功能指令的操作数值。例如,20 用十进制表示为 K20,用十六进制则表示为 H14。

四、数据格式

数据寄存器是用于存储数值数据的软元件,其数值可通过应用指令、数据存取单元(显示器)及编程装置读出与写入。这些寄存器都是 16 位的(最高位为符号位,可处理的数值范围为 -32 768~+32 767)。将两个相邻数据存储器组合,可存储 32 位数值(最高位为符号位,处理的数值范围为 -2 147 483 648~+2 147 483 647)。

(一) 位元件

前面已经介绍了输入继电器 X、输出继电器 Y、辅助继电器 M、状态继电器 S 等编程元件。这些软元件在可编程控制器内部反映的是"位"的变化,主要用于开关量信息的传递、变换及逻辑处理,称为"位元件"。这些元件的状态或为"1"(ON)或为"0"(OFF)。

(二) 字元件

一个字由 16 位二进制位组成。例如,定时/计数器的设定值寄存器、数据存储器 D 等都是字元件。

(三) 双字元件

为了完成 32 位数据的存储，可使用两个字元件组成"双字元件"，其中低位元件存储 32 位数据的低位部分，高位元件存储 32 位数据的高位部分。最高位（第 32 位）为符号位。在指令中使用双字元件，一般只用其低位表示这个元件，其高位同时被指定。如图 3.28 所示，执行该指令，表示将 D21 和 D20 中的数据送到 D23 和 D22 中。

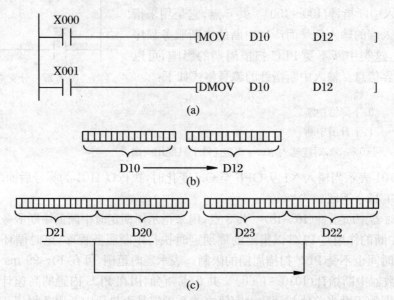

图 3.28　16 位与 32 位数据的处理

(四) 位组合元件

位组合元件在输入继电器、输出继电器及辅助继电器中都有使用。位组合元件表达为 KnX、KnY、KnM、KnS 等形式，式中 Kn 指有 n 组这样的数据，一组 4 位。例如，K1M0 表示 M0～M3 的组合（$n=1$，即 1 组），K2 表示 M0～M7 的组合（2 组），如图 3.29 所示。

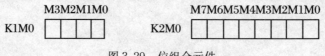

图 3.29　位组合元件

五、FX 系列 PLC 的寻址方式

寻址是指寻找操作数的存放地址。寻址方式有直接寻址、立即寻址和变址寻址。

(一) 直接寻址

操作数就是存放数据的地址。

例如

LD X0：X0 即为操作数地址，直接取 X0 的状态"1"或"0"；

MOV D0 D10：把源址 D0 中的数据送到终址 D10 中。

(二) 立即寻址

操作数(一般为源址)是一个十进制或十六进制的常数。

例如

MOV K100 D10:把十进制数 100 送到 D10 中。执行该指令后,D0 中的数据如图 3.30 所示。

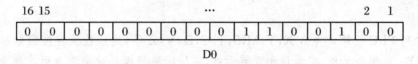

图 3.30 执行 MOV K100 D10 命令后 D0 中的状态

(三) 变址寻址

FX2N 系列 PLC 有 V0～V7 和 Z0～Z7 共 16 个变址寄存器,它们都是 16 位的寄存器。变址寄存器除和通用数据寄存器一样可作为存储外,主要用作运算操作数地址的修改。

利用 V、Z 进行地址修改的寻址方式即为变址寻址。V、Z 组合(V 为高位,Z 为低位)作为 32 位寄存器。

例如

MOV D0V0 D10Z0(设 V0 = 3,Z0 = 5)。执行该指令后,D0V0 中的数据送到 D10Z0 中,D0V0 指定的地址为 D(0 + 3) = D3,D10Z0 指定的地址为 D(10 + 5) = D15,所以,执行该指令,是把 D3 中的数据传送到 D15 中。

可变址的软元件有 X、Y、M、S、T、C、D、P、KnX、KnY、KnM、KnS。可变址的软元件一般在格式中加"."来表示,如图 3.31 所示。

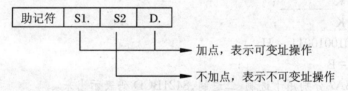

图 3.31 可变址与不可变址表示方法

例 设(V2) = K10,问 X0V2 变址后的地址是多少?

解 X(0 + 10) = X10,因为是八进制,所以实际地址为 X12。

例 设(V4) = K5,问 K2X0V4 的地址是多少?

解 K2X0 的组合是:X0X1X2X3 X4X5X6X7;

K2X0V4 的组合是:X5X6X7X10 X11X12X13X14,即为 K2X5。

显然,位组合元件的首址最好选择 X0、X10、X20 等;变址存储器值最好为 K0、K5、K16 等。

例 设(D0) = H0032,(D10) = H000F,(D16) = H0020,执行下面指令后,输出 K2Y0 有几个为"ON"?

解 由于

$(V2) = H0010 = K16$,

$D0V2 = D16 = H0020 = K32 = 00100000$,

所以，K2Y0 中只有 Y5 输出为"1"（"ON"）。

【总结与思考】

1. 总结

FX 系列 PLC 的软元件有 X,Y,M,S,T,C,D,V,Z 等,这些软元件按照数据格式的不同,有位元件、位组合元件、字元件和双字元件,使用时要根据寻址需要采用。作为位元件使用的 X,Y,M,S 以及 T,C 这些软继电器,其常开、常闭触点可无限次使用,X 接信号输入元件,Y 接结果输出执行元件。数量庞大而功能丰富的内部元件 M,S,T,C,D,V,Z 给我们程序设计、使用提供了极大的灵活性和便利性。

2. 思考

(1) PLC 中定时器（时间继电器）只有通电延时型,没有断电延时型。要实现断电延时,想一想,该怎么办？

(2) 填空

① $(V0) = K10, K20V0 = $ _____ ；

② $(V1) = H12, K20V1 = $ _____ ；

③ $(Z0) = H25, H02Z0 = $ _____ ；

④ $(Z4) = K103, H123Z4 = $ _____ 。

(3) 数制转换

① B1011 = K _____ ；

② H53A = K _____ ；

③ B01111010010011 = H _____ ；

④ H3AC8 = B _____ ；

⑤ 试把 H8A7 分别用十进制、二进制、8421BCD 码表示出来。

项目四　学习 FX 系列 PLC 指令系统

【知识目标】
1. 掌握 FX 系列 PLC 基本逻辑指令应用；
2. 掌握 FX 系列 PLC 常用功能指令应用；
3. 熟悉欧姆龙 CPM1A 型 PLC 基本指令及应用。

【技能目标】
掌握电动机典型控制线路的 PLC 编程、输入调试。

任务一　学习 FX 系列的基本逻辑指令

一、FX 系列 PLC 基本逻辑指令

FX2N 共有 27 条基本逻辑指令，其中包含了某些子系列 PLC 的 20 条基本逻辑指令。

(一) 取指令与输出指令(LD/LDI/LDP/LDF/OUT)

1. LD(取指令)
一个常开触点与左母线连接的指令，每一个以常开触点开始的逻辑行都用此指令。

2. LDI(取反指令)
一个常闭触点与左母线连接的指令，每一个以常闭触点开始的逻辑行都用此指令。

3. LDP(取上升沿指令)
与左母线连接的常开触点的上升沿检测指令，仅在指定位元件的上升沿(OFF→ON)时接通一个扫描周期。

4. LDF(取下降沿指令)
与左母线连接的常开触点的下降沿检测指令，仅在指定位元件的下降沿(ON→OFF)时接通一个扫描周期。

5. OUT(输出指令)
对线圈进行驱动的指令，也称为输出指令。

取指令与输出指令的使用如图 4.1 所示。

取指令与输出指令的使用说明：

(1) LD,LDI 指令既可用于输入左母线相连的触点，也可与 ANB,ORB 指令配合实现块逻辑运算。

(2) LDP,LDF 指令仅在对应元件有效时维持一个扫描周期的接通。图 4.1 中,当 M1 有一个下降沿时,Y3 只有一个扫描周期处于 ON 状态。

(3) LD,LDI,LDP,LDF 指令的目标元件为 X,Y,M,T,C,S。

(4) OUT 指令可以连续使用若干次(相当于线圈并联),对于定时器和计数器,在 OUT 指令之后应设置常数 K 或数据寄存器。

(5) OUT 指令目标元件为 Y,M,T,C 和 S,但不能用于 X。

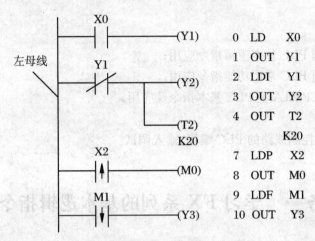

图 4.1 取指令与输出指令的使用

(二) 触点串联指令(AND/ANI/ANDP/ANDF)

1. AND(与指令)

一个常开触点串联连接指令,完成逻辑"与"运算。

2. ANI(与反指令)

一个常闭触点串联连接指令,完成逻辑"与非"运算。

3. ANDP 上升沿检测串联连接指令

检测到上升沿时,接通一个扫描周期。

4. ANDF 下降沿检测串联连接指令

检测到下降沿时,接通一个扫描周期。

触点串联指令的使用如图 4.2 所示。

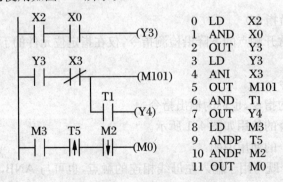

图 4.2 触点串联指令的使用

触点串联指令的使用说明：

(1) AND,ANI,ANDP,ANDF 都是指单个触点串联连接的指令，串联次数没有限制，可反复使用。

(2) AND,ANI,ANDP,ANDF 的目标元件为 X,Y,M,T,C 和 S。

(3) 图 4.2 中"OUT M101"指令之后通过 T1 的触点去驱动 Y4 称为连续输出。

（三）触点并联指令(OR/ORI/ORP/ORF)

1. OR(或指令)

用于单个常开触点的并联，实现逻辑"或"运算。

2. ORI(或非指令)

用于单个常闭触点的并联，实现逻辑"或非"运算。

3. ORP

上升沿检测并联连接指令，检测到上升沿时，接通一个扫描周期。

4. ORF

下降沿检测并联连接指令，检测到下升沿时，接通一个扫描周期。

触点并联指令的使用如图 4.3 所示。

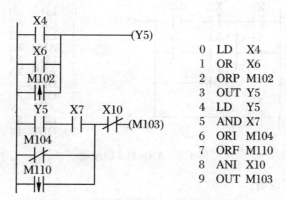

图 4.3 触点并联指令的使用

触点并联指令的使用说明：

(1) OR,ORI,ORP,ORF 指令都是指单个触点的并联，并联触点的左端接到 LD,LDI,LDP 或 LPF 处（例图 4.4 的左母线），右端与前一条指令对应触点的右端相连。触点并联指令连续使用的次数不限。

(2) OR,ORI,ORP,ORF 指令的目标元件为 X,Y,M,T,C,S。

（四）块操作指令(ORB/ANB)

1. ORB(块或指令)

用于两个或两个以上的触点串联连接的电路之间的并联。ORB 指令的使用如图 4.4 所示。

ORB 指令的使用说明：

(1) 几个串联电路块并联连接时，每个串联电路块开始时应该用 LD 或 LDI 指令；

(2) 有多个电路块并联，如对每个电路块使用 ORB 指令，则并联的电路块数量没有限制；

（3）ORB 指令也可以连续使用，但这种程序写法不推荐使用，LD 或 LDI 指令的使用次数不得超过 8 次，也就是 ORB 只能连续使用 8 次以下。

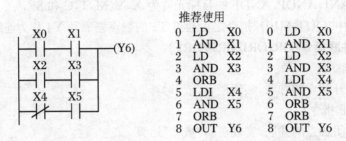

图 4.4　ORB 指令的使用

2. ANB（块与指令）

用于两个或两个以上触点并联连接的电路之间的串联。ANB 指令的使用说明如图 4.5 所示。

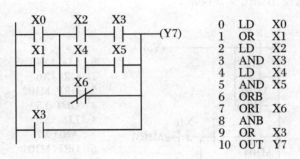

图 4.5　ANB 指令的使用

ANB 指令的使用说明：

（1）电路块串联连接时，电路块的开始均用 LD 或 LDI 指令。

（2）多个串联回路块串联时，可以在每块后面跟 ANB 指令，ANB 指令的使用次数没有限制。也可以在写完每一连续的串联块之后，连续使用 ANB，但与 ORB 一样，使用次数在 8 次以下。

ORB 与 ANB 指令的两种用法如图 4.6 所示。

（五）置位与复位指令（SET/RST）

1. SET（置位指令）

它的作用是使被操作的目标元件置位并保持。

2. RST（复位指令）

使被操作的目标元件复位并保持清零状态。

SET，RST 指令的使用如图 4.7 所示。当 X0 的常开接通时，Y0 变为 ON 状态并一直保持该状态，即使 X0 断开，Y0 的 ON 状态仍维持不变；只有当 X1 的常开闭合时，Y0 才变为 OFF 状态并保持，即使 X1 的常开断开，Y0 也仍为 OFF 状态。

SET，RST 指令的使用说明：

项目四 学习 FX 系列 PLC 指令系统

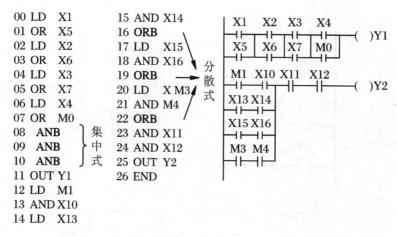

图 4.6 ORB 与 ANB 指令的两种用法

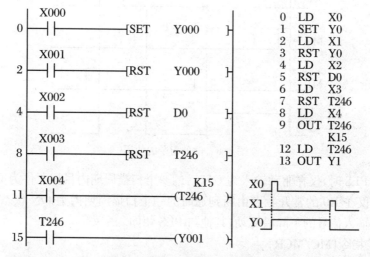

图 4.7 置位与复位指令的使用

(1) SET 指令的目标元件为 Y,M,S,RST 指令的目标元件为 Y,M,S,T,C,D,V,Z。RST 指令常被用来对 D,Z,V 的内容清零,还用来复位积算定时器和计数器。

(2) 对于同一目标元件,SET,RST 可多次使用,顺序也可随意,但最后执行者有效。

(六) 微分指令(PLS/PLF)

1. PLS(上升沿微分指令)

在输入信号上升沿产生一个扫描周期的脉冲输出。

2. PLF(下降沿微分指令)

在输入信号下降沿产生一个扫描周期的脉冲输出。

微分指令的使用如图 4.8 所示,利用微分指令检测到信号的边沿,通过置位和复位命令控制 Y0 的状态。

PLS,PLF 指令的使用说明:

(1) PLS,PLF 指令的目标元件为 Y 和 M;

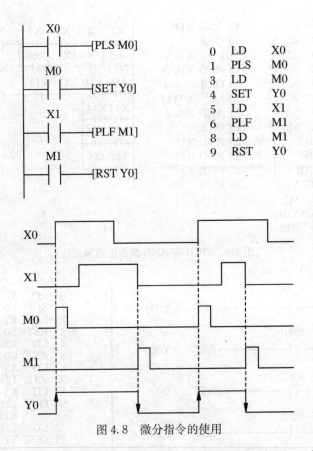

图 4.8 微分指令的使用

(2) 使用 PLS 时,仅在驱动输入为 ON 后的一个扫描周期内目标元件为 ON 状态,如图 4.8 所示,M0 仅在 X0 的常开触点由断到通时的一个扫描周期内为 ON 状态;使用 PLF 指令时只是利用输入信号的下降沿驱动,其他与 PLS 相同。

(七) 主控指令(MC/MCR)

1. MC(主控指令)

用于公共串联触点的连接。执行 MC 后,左母线移到 MC 触点的后面。

2. MCR(主控复位指令)

它是 MC 指令的复位指令,即利用 MCR 指令恢复原左母线的位置。

在编程时常会出现这样的情况,即多个线圈同时受一个或一组触点控制,如果在每个线圈的控制电路中都串入同样的触点,将占用很多存储单元,使用主控指令就可以解决这一问题。

MC,MCR 指令的使用如图 4.9 所示,利用 MC N0 M100 实现左母线右移,使 Y0,Y1 都在 X0 的控制之下,其中 N0 表示嵌套等级,在无嵌套结构中 N0 的使用次数无限制;利用 MCR N0 恢复到原左母线状态。如果 X0 断开,则会跳过 MC,MCR 之间的指令向下执行。

MC,MCR 指令的使用说明:

(1) MC,MCR 指令的目标元件为 Y 和 M,但不能用特殊辅助继电器。MC 占三个程序步,MCR 占两个程序步。

(2) 主控触点在梯形图中与一般触点垂直(如图 4.9 中的 M100)。主控触点是与左母线相连的常开触点,是控制一组电路的总开关。与主控触点相连的触点必须用 LD 或 LDI 指令。

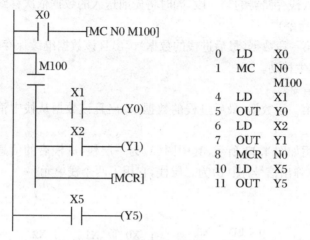

图 4.9 主控指令的使用

(3) MC 指令的输入触点断开时,在 MC 和 MCR 之内的积算定时器、计数器、用复位/置位指令驱动的元件保持其之前的状态不变。非积算定时器和计数器用 OUT 指令驱动的元件将复位,如图 4.21 中当 X0 断开时,Y0 和 Y1 即变为 OFF 状态。

(4) 在一个 MC 指令区内,若再使用 MC 指令,则称为嵌套。嵌套级数最多为 8 级,编号按 N0→N1→N2→N3→N4→N5→N6→N7 顺序增大,每级的返回用对应的 MCR 指令,从编号大的嵌套级开始复位。

采用 GX Developer 编程软件在电脑中出入的梯形图,在"写入模式"和"读出模式"下的图形结构略有不同。如图 4.10 所示。

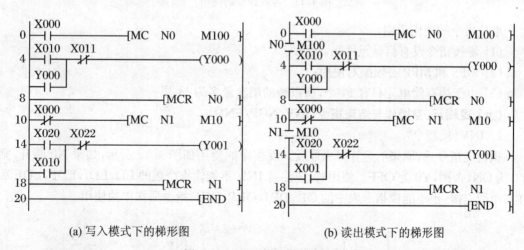

(a) 写入模式下的梯形图　　　　　　　　(b) 读出模式下的梯形图

图 4.10　MC/MCR 指令的应用

(八) 堆栈指令(MPS/MRD/MPP)

堆栈指令是 FX 系列中新增的基本指令,用于多重输出电路,可为编程带来便利。在

FX 系列 PLC 中有 11 个存储单元，它们专门用来存储程序运算的中间结果，称为栈存储器。

1. MPS(进栈指令)

将运算结果送入栈存储器的第一段，同时将先前送入的数据依次移到栈的下一段。

2. MRD(读栈指令)

将栈存储器的第一段数据(最后进栈的数据)读出且该数据继续保存在栈存储器的第一段，栈内的数据不发生移动。

3. MPP(出栈指令)

将栈存储器的第一段数据(最后进栈的数据)读出且该数据从栈中消失，同时将栈中其他数据依次上移。

堆栈指令的使用如图 4.11 所示，其中图(a)为一层栈，进栈后的信息可无限使用，最后一次使用 MPP 指令弹出信号；图(b)为二层栈，它用了两个栈单元。

```
0  LD   X3
1  MPS
2  AND  X4
3  OUT  Y2
4  MRD
5  AND  X5
6  OUT  Y3
7  MRD
8  AND  X6
9  OUT  Y4
10 MPP
11 AND  X7
12 OUT  Y5
```

(a) 一层栈

```
0  LD   X0
1  MPS
2  AND  X1
3  MPS
4  AND  X2
5  OUT  Y0
6  MPP
7  AND  X3
8  OUT  Y1
9  MPP
10 AND  X4
11 MPS
12 AND  X5
13 OUT  Y2
14 MPP
15 AND  X6
16 OUT  Y3
```

(b) 二层栈

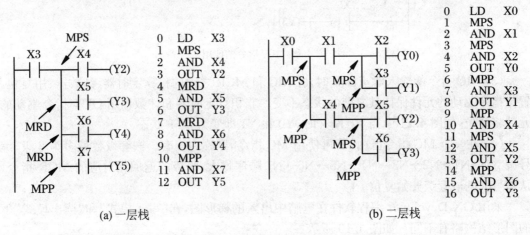

图 4.11 堆栈指令的使用

堆栈指令的使用说明：

(1) 堆栈指令没有目标元件；

(2) MPS 和 MPP 必须配对使用；

(3) 由于栈存储单元只有 11 个，所以栈的层次最多为 11 层。

(九) 逻辑反、空操作与结束指令(INV/NOP/END)

1. INV(反指令)

执行该指令后，原来的运算结果取反。反指令的使用如图 4.12 所示，如果 X0 断开，则 Y0 为 ON，否则，Y0 为 OFF。使用时，应注意 INV 不能像指令表的 LD，LDI，LDP，LDF 那样与母线连接，也不能像指令表中的 OR，ORI，ORP，ORF 指令那样单独使用。

```
0  LD   X0
1  INV
2  OUT  Y0
```

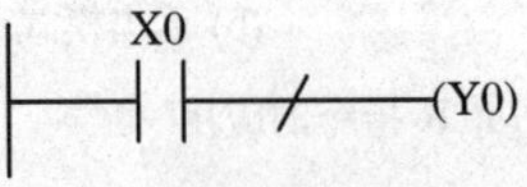

图 4.12 反指令的使用

2. NOP(空操作指令)

不执行操作,用于程序的修改,占一个程序步。执行 NOP 时并不做任何事,有时可用 NOP 指令短接某些触点或用 NOP 指令将不要的指令覆盖。当 PLC 执行了清除用户存储器操作后,用户存储器的内容全部变为空操作指令。

若将 AND,ANI,OR,ORI 指令代之以 NOP,则梯形图将发生变化。如图 4.13 所示。

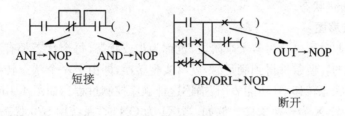

图 4.13 空指令的应用

NOP 指令使用起来,若使用恰当,程序的修改将方便快捷。例如,在程序段中,若发现某一句指令是多余的,则可以采取两种处理办法:其一,删除该指令;其二,把该指令变为 NOP。但在使用时,一定要认真分析,否则容易出错,请参考图 4.14。

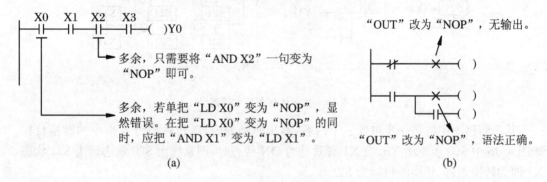

图 4.14 空指令应用注意的问题说明图

3. END(结束指令)

表示程序结束。若程序的最后不写 END 指令,则 PLC 不管实际用户程序多长,都从用户程序存储器的第一步执行到最后一步;若有 END 指令,当扫描到 END 时,则结束执行程序,这样可以缩短扫描周期。在程序调试时,可在程序中插入若干 END 指令,将程序划分若干段,在确定前面程序段无误后,依次删除 END 指令,直至调试结束。

二、FX 系列 PLC 的步进指令

(一) 步进指令(STL/RET)

步进指令是专为顺序控制而设计的指令。在工业控制领域,许多控制过程都可用顺序控制的方式来实现,使用步进指令实现顺序控制既方便实现又便于阅读修改。

FX2N 中有两条步进指令:STL(步进触点指令)和 RET(步进返回指令)。

STL 和 RET 指令只有与状态器 S 配合才能具有步进功能。如 STL S20 表示状态常开触点，称为 STL 触点，在梯形图中的符号为 ⊣⊦，它没有常闭触点。我们用每个状态器 S 记录一个工步，若 STL S20 有效（为 ON），则进入 S20 表示的一步（类似于本步的总开关），开始执行本阶段该做的工作，并判断进入下一步的条件是否满足。一旦本步信号 ON 状态结束，则关断 S20 进入下一步，如 S21 步。RET 指令是用来复位 STL 指令的。执行 RET 后将重回母线，退出步进状态。

（二）状态转移图

一个顺序控制过程可分为若干个阶段，也称为步或状态，每个状态都有不同的动作。当相邻两状态之间的转换条件得到满足时，就将实现转换，即由上一个状态转换到下一个状态执行。我们常用状态转移图（功能表图）描述这种顺序控制过程。如图 4.15(a)所示，用状态器 S 记录每个状态，X 为转换条件。例如，当 X1 为 ON 时，系统由 S20 状态转为 S21 状态。

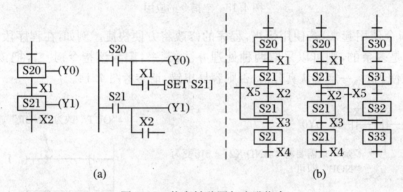

图 4.15 状态转移图与步进指令

状态转移图中的每一步包含三个内容：本步驱动的内容、转移条件及指令的转换目标。如图 4.15 中 S20 步驱动 Y0，当 X1 有效且为 ON 状态时，则系统由 S20 状态转为 S21 状态，X1 即为转换条件，转换的目标为 S21 步。

（三）步进指令的使用说明

（1）STL 触点是与左侧母线相连的常开触点，某 STL 触点接通，则对应的状态为活动步；

（2）与 STL 触点相连的触点应用 LD 或 LDI 指令，只有执行完 RET 后才返回左侧母线；

（3）STL 触点可直接驱动或通过别的触点驱动 Y,M,S,T 等元件的线圈；

（4）由于 PLC 只执行活动步对应的电路块，所以使用 STL 指令时允许双线圈输出（顺控程序在不同的步可多次驱动同一线圈）；

（5）STL 触点驱动的电路块中不能使用 MC 和 MCR 指令，但可以用 CJ 指令，当执行 CJ Pn 指令跳入某一 STL 触点驱动的电路块时，不管 STL 触点是否为"1"状态，均执行指定的位置 Pn 之后的电路；

（6）在中断程序和子程序内，不能使用 STL 指令。

（7）当某一步到下一步的转换条件满足时，下一步变为活动步，上一步自动复位。

（8）OUT 指令与 SET 指令均可用于步的活动状态的转换。在 STL 区内的 OUT 指令

项目四 学习 FX 系列 PLC 指令系统

用于顺序控制功能图中的闭环和跳步,如果想跳回前面已处理过的步,或跳到另一顺序流程的某一步,可用 OUT 指令,如图 4.15(b)所示。

参照基本的继电器-接触器控制线路图,直接写出它们的指令表。

举例:电动机的点动与长动混合控制线路如图 4.16 所示,直接写出其指令表。

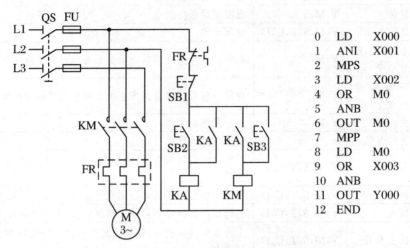

图 4.16 点动、长动混合控制线路直接写语句表

【总结与思考】

1. 总结

FX2N 型 PLC 指令系统包括基本逻辑指令、步进指令、功能指令。基本逻辑指令包括两部分,一部分是基本逻辑运算及输出指令,包括取、与、或及它们的反运算,置位/复位和输出指令。另一部分是逻辑处理指令,包括电路块、堆栈、空操作、边沿处理等指令。

在工业控制中,大部分控制都是一种顺序控制。步进指令(STL/RET)用于顺序控制中,直观、有序,便于设计、阅读和理解。

对于 27 条基本逻辑指令,其功能使用集中列于表 4.1。

表 4.1 基本逻辑指令列表

助记符	名称	可用元件	功能和用途
LD	取	X,Y,M,S,T,C	逻辑运算开始。用于与母线连接的常开触点
LDI	取反	X,Y,M,S,T,C	逻辑运算开始。用于与母线连接的常闭触点
LDP	取上升沿	X,Y,M,S,T,C	上升沿检测的指令,仅在指定元件的上升沿时接通1个扫描周期
LDF	取下降沿	X,Y,M,S,T,C	下降沿检测的指令,仅在指定元件的下降沿时接通1个扫描周期
AND	与	X,Y,M,S,T,C	和前面的元件或回路块实现逻辑与,用于常开触点串联
ANI	与反	X,Y,M,S,T,C	和前面的元件或回路块实现逻辑与,用于常闭触点串联

续表

助记符	名称	可用元件	功能和用途
ANDP	与上升沿	X,Y,M,S,T,C	上升沿检测的指令,仅在指定元件的上升沿时接通1个扫描周期
OUT	输出	Y,M,S,T,C	驱动线圈的输出指令
SET	置位	Y,M,S	线圈接通保持指令
RST	复位	Y,M,S,T,C,D	清除动作保持;当前值与寄存器清零
PLS	上升沿微分指令	Y,M	在输入信号上升沿时产生1个扫描周期的脉冲信号
PLF	下降沿微分指令	Y,M	在输入信号下降沿时产生1个扫描周期的脉冲信号
MC	主控	Y,M	主控程序的起点
MCR	主控复位	—	主控程序的终点
ANDF	与下降沿	Y,M,S,T,C,D	下降沿检测的指令,仅在指定元件的下降沿时接通1个扫描周期
OR	或	Y,M,S,T,C,D	和前面的元件或回路块实现逻辑或,用于常开触点并联
ORI	或反	Y,M,S,T,C,D	和前面的元件或回路块实现逻辑或,用于常闭触点并联
ORP	或上升沿	Y,M,S,T,C,D	上升沿检测的指令,仅在指定元件的上升沿时接通1个扫描周期
ORF	或下降沿	Y,M,S,T,C,D	下降沿检测的指令,仅在指定元件的下降沿时接通1个扫描周期
ANB	回路块与	—	并联回路块的串联连接指令
ORB	回路块或	—	串联回路块的串联连接指令
MPS	进栈	—	将运算结果(或数据)压入栈存储器
MRD	读栈	—	将栈存储器第一层的内容读出
MPP	出栈	—	将栈存储器第一层的内容弹出
INV	取反转	—	将执行该指令之前的运算结果进行取反转操作
NOP	空操作	—	程序中仅做空操作运行
END	结束	—	表示程序结束

2. 思考

(1) 写出图4.17的梯形图语句表。

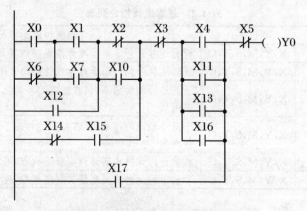

图4.17 程序编写练习用图(1)

(2) 写出如图 4.18 所示的梯形图的语句表。

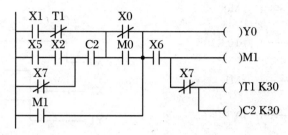

图 4.18　程序编写练习用图(2)

(3) 写出如图 4.19 所示的梯形图的语句表。

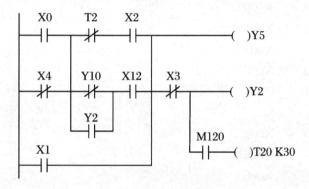

图 4.19　程序编写练习用图(3)

(4) 写出如图 4.20 所示的梯形图的语句表。

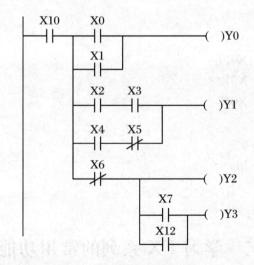

图 4.20　程序编写练习用图(4)

(5) 画出图 4.21 中 M0 和 Y3 的波形。
(6) 用 SET,RST 指令和微分指令设计满足如图 4.22 所示的梯形图。

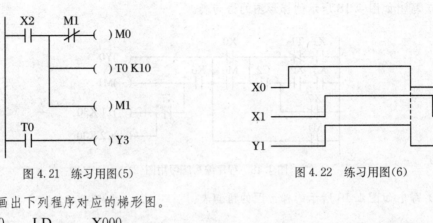

图 4.21 练习用图(5)　　　　　图 4.22 练习用图(6)

(7) 画出下列程序对应的梯形图。

```
0   LD    X000
1   ANDF  X001
3   LDP   X004
5   AND   X005
6   ORB
7   OR    M0
8   AND   X002
9   LDI   X003
10  LDF   X006
12  AND   X007
13  LD    X010
14  ANI   M1
15  ORB
16  ANB
17  LDI   X011
18  AND   X012
19  ANDP  X013
21  ORB
22  ANB
23  OUT   M0
24  END
```

任务二　学习 FX 系列的常用功能指令

功能指令(Functional Instruction)或称为应用指令(Applied Instruction)，主要用于数据的传送、运算、变换及程序控制等。这使得可编程控制器成了真正意义上的计算机。特别是近年来，应用指令又向综合性方向迈进了一大步，出现了许多一条指令即能实现以往需大段程序才能完成的某种任务的指令，如 PID 功能、表功能等。这类指令实际上就是一个个功能完整的子程序，从而大大提高了 PLC 的实用价值和普及率。

一、功能指令的基本格式

（一）功能指令的表示形式

FX2N 系列 PLC 功能指令有 251 条，分别按功能号（FNC00～FNC250）编排。每条功能指令都有一助记符。如数据传送指令 MOV，其功能号为"FNC12"，助记符为"MOV"。

功能指令的表示形式如表 4.2 所示，其梯形图格式如图 4.23 所示。

表 4.2　功能指令的表示形式

指令名称	助记符	指令代码（位数）	操作数范围	
			[S.]	[D.]
传送指令	MOV MOV【P】	FNC12(16/32)	K,H KnX,KnY,KnM,KnS T,C,D,V,Z	KnX,KnY,KnM,KnS T,C,D,V,Z

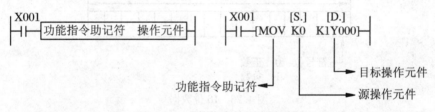

图 4.23　功能指令的格式说明图

1. 源操作元件（源址，Source）

用[S.]表示。有时源操作元件不止一个，可用[S1]，[S2]，[S3]表示。功能指令 MOV 的源操作元件 S0 是 K0。该功能指令将 0 这个常数传送到位组合元件 K1Y00 中。

2. 目标操作元件（终址，Destination）

用[D.]表示。目标操作元件不止一个时用[D1]，[D2]，[D3]表示。功能指令 MOV 的目标操作元件是位组合元件 K1Y00。

3. 其他操作元件 n 或 m

用来表示常数。常数前冠以 K 表示十进制数，常数前冠以 H 表示十六进制数。源操作元件是 K0，表示十进制常数 0。

（二）指令执行形式

1. 连续执行型

如图 4.24 所示，当常开触点 X1 闭合时，该条传送指令在每个扫描周期都被重复执行。

2. 脉冲执行型

如图 4.25 所示，助记符后面的符号 P 表示脉冲执行，记为【P】。在编程输入时，直接在助记符后加 P，不带"【 】"。该条传送指令仅在常开触点 X1 由断开转为闭合时被执行。对不需要每个扫描周期都执行的指令,用脉冲执行方式可缩短程序处理时间。

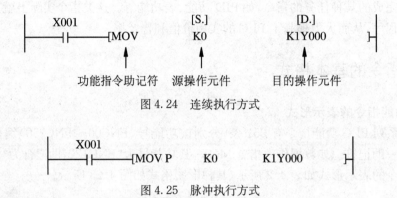

图 4.24　连续执行方式

图 4.25　脉冲执行方式

(三) 数据长度

1. 16 位数据

FX2N 系列 PLC 中数据寄存器 D、计数器 C0～C199 的当前值寄存器存储的都是 16 位数据。数据寄存器 D0 共 16 位,每位都只有"0"或"1"两个数值。如图 4.26 所示。

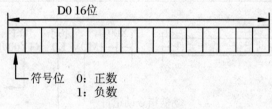

图 4.26　16 位数据

2. 32 位数据

FX2N 系列 PLC 中相邻两个数据寄存器可以组合起来,存储 32 位数据,如图 4.27 所示。如果在指令前面加"D",表示处理的是 32 位数据,记为【D】。在编程输入时,直接在助记符后加 D,不带"【 】",如图 4.28 所示。

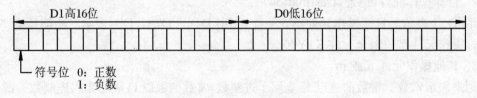

图 4.27　32 位数据

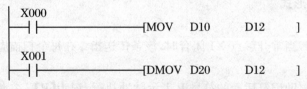

图 4.28　16 位与 32 位数据传送

二、功能指令介绍

(一) 比较指令 CMP(FNC10)(16/32:可用于字(16 位)、双字(32 位)的比较)

1. 功能

CMP 指令的作用是将源[S1.]和[S2.]的数据比较结果送到目标[D.]中。

2. 操作数范围

[S1.]和[S2.]的操作数包括 K,H,KnX,KnY,KnM,KnS,T,C,D,V,Z,[D.]的操作数包括 Y,M,S。

图 4.29 中,比较指令将 C20 的当前值与十进制数 100 进行比较,比较结果有三种可能,即大于、等于和小于,因此目标操作数要用三个位元件来体现结果。当目标操作数指定某位元件时,其后两位元件同时被占用。图 4.29 中,在 X0 断开状态,CPM 不被执行,M0～M2 保持 X0 断开的状态。当 X0 接通后,C20 的当前值>100 时,M0=ON;C20 的当前值=100 时,M1=ON;C20 的当前值<100 时,M2 接通。

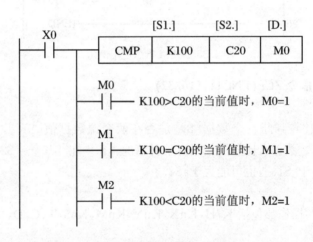

图 4.29 CPM 指令使用说明

3. 注意事项

数据比较是指进行代数值大小的比较(带符号比较);程序中多次有比较指令,其目标操作数[D.]也可指定为相同的软元件,但每执行一次比较指令,[D.]中的内容随之发生变化。

例 1 试分析图 4.30 的原理,说明在按外接 X0 按钮过程中,Y0,Y1,Y2 三者输出的情况。

解 图中用 RST 指令(复位指令)使 C0 清零,用 ZRST 指令(批复位置零)使 M0～M2 复位。系统得电后,C0,M0,M1,M2 均置零。运行中随时通过 X1 使上述继电器置零。

按 X0 对应的外接按钮,所按次数(即 C0 的当前值)与 Y0,Y1,Y2 的输出关系是:

当 C0 的当前值>5 时,M0=ON,Y0=ON;

当 C0 的当前值=5 时,M1=ON,Y1=ON;

当 C0 的当前值<5 时,M2=ON,Y2=ON。

读者可用 GX Developer 编程软件编程并仿真出上述效果,GX Developer 软件的使用将在后续章节介绍。

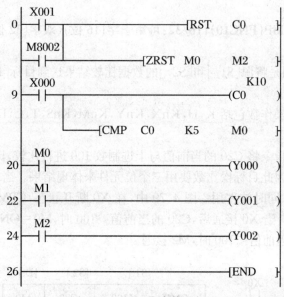

图 4.30　CPM 指令使用例图

(二) 区间比较指令 ZCP(FNC11)(16/32)

1. 功能

ZCP 指令用于比较判断一个数据[S.]是否在两个源数据值[S1.],[S2.]构成区间内([S1.]数据小于[S2.]数据),比较的结果有三种情况,[S.] 在[S1.]~[S2.]区间,[S.]不在区间内,则有可能小于[S1.],也可能大于[S2.]。

2. 操作数范围

[S1.]和[S2.]的操作数包括 K,H,KnX,KnY,KnM,KnS,T,C,D,V,Z,[D.]的操作数包括 Y,M,S。

3. 注意事项

[S1.]数据小于[S2.]数据,若[S1.]数据大于[S2.]数据,则两者视为一样大。

如图 4.31 所示,与 CMP 类似,[D.]一旦指定 M3,则相邻的 M4,M5 同时被指定。

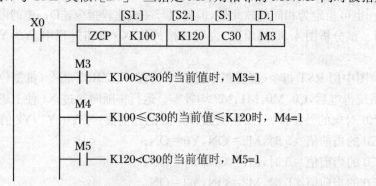

图 4.31　ZCP 指令的使用说明

例2 分析图 4.32 所示的梯形图,当改变 X0 的接通次数(改变 C0 当前值)时,Y0,Y1,Y2 的状态如何?

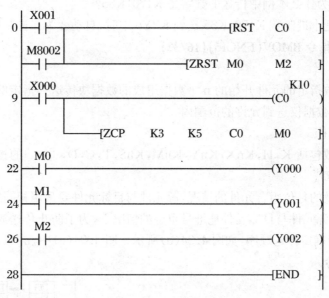

图 4.32 ZCP 指令使用例图

解 C0 的当前值<K3(3 次)时,M0=ON,Y0=ON;

K3(3 次)≤C0 的当前值≤K5(5 次)时,M1=ON,Y1=ON;

C0 的当前值≥K5(5 次)时,M2=ON,Y2=ON。

(三) 传送指令 MOV(FNC12)(16/32)

1. 功能

将源数据[S.]传送到指定的目标[D.]中去。

2. 操作数范围

[S.]的操作数包括 K,H,KnX,KnY,KnM,KnS,T,C,D,V,Z,[D.]的操作数包括 KnY,KnM,KnS,T,C,D,V,Z。

图 4.33 中,前 0.5 秒(M8013 常开接通,常闭断开)实现把 K170 送到 K2Y0 中,此时双

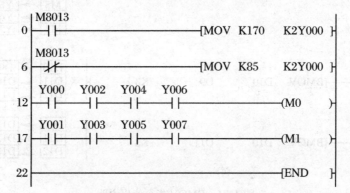

图 4.33 MOV 指令使用例图

号(Y0,Y2,Y4,Y6)有输出,后 0.5 秒(M8013 常开断开,常闭接通)实现把 K85 送到 K2Y0 中,单号(Y1,Y3,Y5,Y7)有输出。

请读者思考:为什么本例中传送的数字是 K170,K85?

在传送指令把十进制数 K170,K85 送到 K2Y0 中时,自动变为二进制放到 K2Y0 中。

(四) 块传送指令 BMOV(FNC15)(16/32)

1. 功能

将从源操作数指定的元件开始的 n 个数据组成的数据块传送到指定的目标。如果元件号超出允许范围,数据仅送到允许的范围内。

2. 操作数范围

[S.]的操作数包括 K,H,KnX,KnY,KnM,KnS,T,C,D,[D.]的操作数包括 KnY,KnM,KnS,T,C,D。

若块传送涉及的是位组合元件的情况,源元件与目标元件要采用相同的位数,如图 4.34(b),(c)所示。在源元件与目标元件地址号重叠的情况下,为了防止传送源数据没传送就被改写,PLC 会自动确定传送顺序,如图 4.34(d)所示。图 4.34(c)中,n=1,这种情况下可以直接用 MOV 指令。

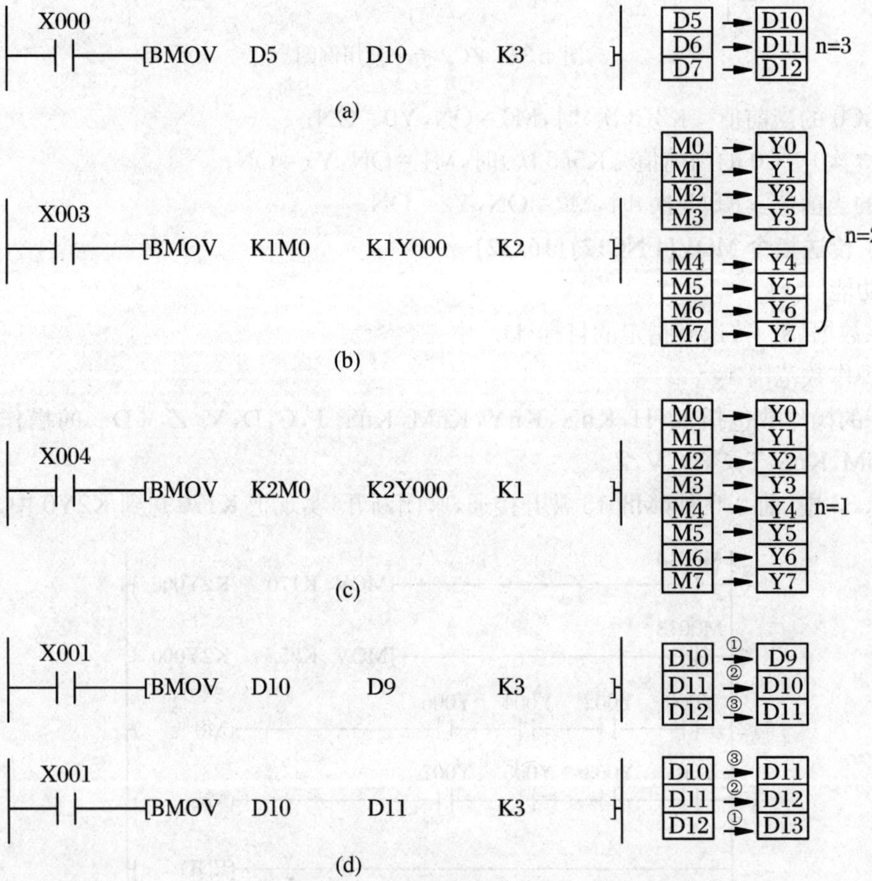

图 4.34 BMOV 指令使用说明

(五) 数据交换指令 XCH(FNC17)(16/32)

1. 功能

在指定的目标元件间进行数据交换。

2. 操作数范围

[D1.]和[D1.]的操作数包括 KnY,KnM,KnS,T,C,D,V,Z。

3. 使用注意事项

(1) 数据交换指令一般采用脉冲方式,否则在每个扫描周期内都要交换一次。

(2) 拓展功能:当特殊辅助继电器 M8160 接通,目标元件为同一地址时,16 位数据的高 8 位与低 8 位进行交换,如果是 32 位亦是如此,如图 4.35 所示。XCH 的拓展功能与指令 SWAP 的功能是一样的,在编程时,请直接使用 SWAP 指令。

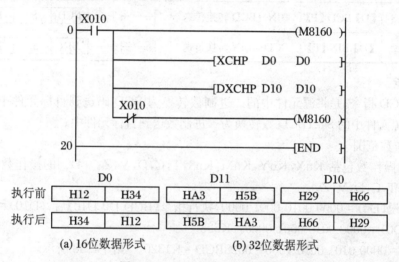

图 4.35 XCH 指令的拓展功能

图 4.36 中,系统上电,通过 M8002(初始化脉冲)把 K170 送到 D1 中,把 K85 送到 D2 中,接通 X1,D1 和 D2 中的数据进行交换,每接通一次交换一次。

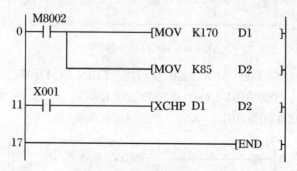

图 4.36 XCH 指令使用说明

(六) 上下字节交换指令【D】SWAP【P】(FNC147)(16/32)

1. 功能

当驱动条件满足时,将字元件的高 8 位与低 8 位互换,如图 4.37 所示。

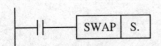

图 4.37 SWAP 指令梯形图

2. 操作数范围

[S.]的操作数包括 KnY,KnM,KnS,T,C,D,V,Z。

在对 32 位数据操作时,SWAP 执行的是高位(S+1)和低位(S)寄存器各自的低 8 位和高 8 位。

使用连续执行型指令在每个扫描周期内都会执行一次,所以常使用的是脉冲执行型指令 SWAPP。

(七) 二进制与 BCD 码转换指令

BCD,BIN 指令格式如表 4.3 所示。

表 4.3 BCD,BIN 指令格式

功能号	助记符	功 能	梯形图格式
FNC 18	【D】BCD【P】	BIN→BCD 转换传送	⊢⊢ BCD S. D.
FNC 19	【D】BIN【P】	BCD→BIN 转换传送	⊢⊢ BIN S. D.

1. 功能

执行 BCD 指令,是将源元件中的二进制数转换为 BCD 码送到目标元件中;执行 BIN 指令,是将源元件中的 8421BCD 数转换为二进制数送到目标元件中。

2. 操作数范围

[S.]的操作数包括 KnX,KnY,KnM,KnS,T,C,D,V,Z。[D.]的操作数包括 KnY,KnM,KnS,T,C,D,V,Z。

例 3 设(D0) = 0000 0010 0001 0000,执行指令【BCD D0 D10】后,(D10) = ?

解 (D0) = 0000 0010 0001 0000 = K528。

(D10) = 0000 0101 0010 1000 = 0528BCD = K1320。如图 4.38 所示。

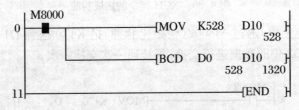

图 4.38 BCD 指令梯形图

例 4 设(D0) = 0000 0000 0101 1000,执行指令【BIN D0 D10】后,(D10) = ?

解 (D0) = 0000 0000 0101 1000 = 0058BCD = K88。

(D10) = 0000 0000 0011 1010 = K58。如图 4.39 所示。

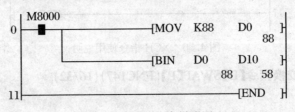

图 4.39 BIN 指令梯形图

(八)二进制四则运算指令 ADD(FNC20),SUB(FNC21),MUL(FNC22),DIV(FNC23)

1. 四则运算指令格式
如表 4.4 所示。

表 4.4 四则运算指令格式

功能号	助记符	功 能
FNC 20	【D】ADD【P】	BIN 加法运算
FNC 21	【D】SUB【P】	BIN 减法运算
FNC 22	【D】MUL【P】	BIN 乘法运算
FNC 23	【D】DIV【P】	BIN 除法运算

2. 四则运算操作数范围
如表 4.5 所示(表中黑圆点表示该元件或常数可用作对应的操作数)。

表 4.5 四则运算操作数范围

操作数	位元件				字元件									常数	
	X	Y	M	S	KnX	KnY	KnM	KnS	T	C	D	V	Z	K	H
S1.					•	•	•	•	•	•	•	•	•	•	•
S2.					•	•	•	•	•	•	•	•	•	•	•
D.						•	•	•	•	•	•	•	•		

注:对乘法、除法指令,操作数 D 仅在 16 位运算时可指定元件 V,Z。

3. 四则运算梯形图
如图 4.40 所示。

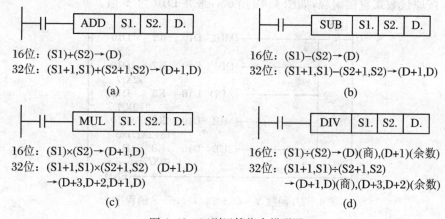

图 4.40 四则运算指令梯形图

4. 使用注意事项
① 当应用连续执行指令时,在驱动条件成立期间,每一个扫描周期,指令都会执行一次,如果两个源址内容都不改变,目标元件(终址)内容不受影响,但如果源址内容变化,每个扫描周期目标元件内容将改变。如图 4.41 所示,图中第一、二条支路采用脉冲执行方式,第三条支路采用连续执行。

② 加减运算标志位见表 4.6,三个标志是互相独立的,如果出现进位和结果又为零的情况,则 M8020 和 M8022 同时置 ON。

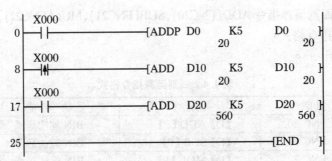

图 4.41 脉冲执行与连续执行方式

表 4.6 加减运算标志位

编号	名 称	功能和用途
M8020	零标志位	ON:运算结果为 0
M8021	借位标志位	ON:当运算结果小于 −32 768(16 位)或 −2 147 483 648(32 位)时,负数溢出标志
M8022	进位标志位	ON:当运算结果大于 32 767(16 位)或 2 147 483 648(32 位)时,正数溢出标志

③ 当执行除法指令时,除数不能为零,否则指令不能执行。错误标志 M8067 = ON。

④ 位元件的使用:如果将位组合元件用于目标操作数(如 KnY),当目标元件位数小于运算结果的位数时,只能保留结果的低位(源操作数为 16 位时,目标操作数为 32 位,保留低 16 位;源操作数为 32 位时,目标操作数为 64 位,保留低 32 位)。如需要全部结果,可以用传送指令把高 16 位、低 16 位(或高 32 位、低 32 位)传送到位元件中。

例 5 编写计算函数值 $Y = (3 + 2X/7) \times 6 - 8$ 的 PLC 程序。

解 按原代数式直接编程,如图 4.42 所示。最终 D10 为 Y 值。

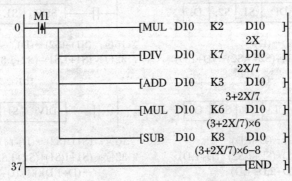

图 4.42 函数 $Y = (3 + 2X/7) \times 6 - 8$ 的程序

对代数式进行整理,得 $Y = 10 + 12X/7$,程序如图 4.43 所示。

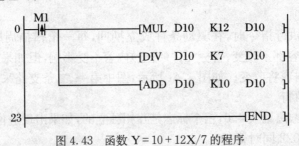

图 4.43 函数 $Y = 10 + 12X/7$ 的程序

（九）加1、减1指令 INC、DEC（FNC24、FNC25）（16/32）

加1、减1指令格式见表4.7。

表4.7 加1、减1指令格式

功能号	助记符	功　　能
FNC 24	【D】INC【P】	BIN 加1运算
FNC 25	【D】DEC【P】	BIN 减1运算

减1指令操作数范围见表4.8。

表4.8 减1指令操作数范围

操作数	位元件				字元件								常数	
	X	Y	M	S	KnX	KnY	KnM	KnS	T	C	D	V	Z	K	H
D.						·	·	·	·	·	·	·	·		

梯形图如图4.44所示。

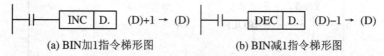

(a) BIN加1指令梯形图　　　　　　(b) BIN减1指令梯形图

图4.44　加1、减1指令梯形图格式

（十）循环右移指令 ROR（FNC30）（16/32）和循环左移指令 ROL（FNC310）（16/32）

1. 功能

循环右移指令 ROR 能使16位数据、32位数据向右循环移位；循环左移指令 ROL 能使16位数据、32位数据向左循环移位。如图4.45所示。

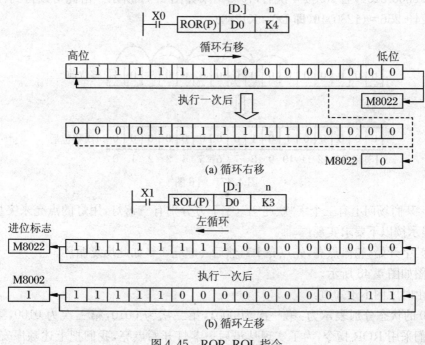

图4.45　ROR、ROL 指令

循环移位是指数据在本字节或双字节内的移位,是一种环形移动。而非循环移位是线性的移位,数据移出部分会丢失,移入部分从其他数据获得。

2. 操作数范围

[D.]的操作数包括 KnY,KnM,KnS,T,C,D,V,Z。

对于循环右移,当 X0 由 OFF 至 ON 时,由[D.]指定的元件内各位数据向右移动 n 位,每一次最后从高位移出的状态存进标志位 M8022 中;对于循环左移,当 X10 由 OFF 至 ON 时,由[D.]指定的元件内各位数据向左移动 n 位,每一次最后从低位移出的状态存进标志位 M8022 中($n\leqslant 16,n\leqslant 32$)。

例 6　如图 4.46 所示,当 X0 按第 4 次的时候,D0 中的数据是多少?

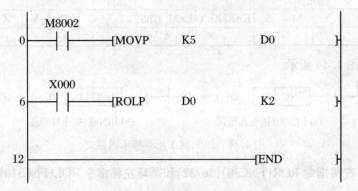

图 4.46　移位指令的应用

解　根据梯形图,当系统上电运行时,首先把 K5 送到 D0 中,则 D0 中的二进制数为 0000 0000 0000 0101,当 X0 按 4 次后,移动结果如图 4.47 所示。由此可以得到:$D0 = 2^{10} + 2^8 = 1024 + 256 = (1280)_{10}$(即 D0 = K1280)。

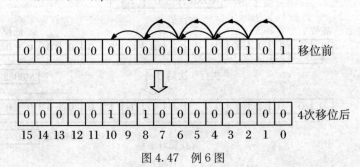

图 4.47　例 6 图

例 7　某商场门上有三个字"欢迎您",字下方分别有三盏灯,用灯的点亮来突显上层的字,要求显示按以下要求实现:

从"您"字开始,轮流点亮,先点亮 1 s,然后一起亮 1 s,如此反复循环。

时序图如图 4.48 所示。

解　由时序图不难知道:

K1Y0 的状态分别表示为:第一次为 0001,第二次为 0010,第三次为 0100,第四次为 0111。我们采用 ROR 指令,为了实现从最后一盏灯开始点亮,我们把上述顺序安排一下:

0111 0100 0010 0001（对应的十六进制数分别为：7H,4H,2H 和 1H）。

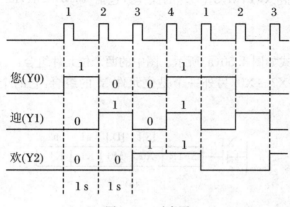

图 4.48 时序图

设计梯形图如图 4.49 所示，为了方便循环，ROR 指令中用了 K4，为了不占用无关的输出点，这里没有直接用[MOV H7412 K4Y0]和[RORP K4Y0]。

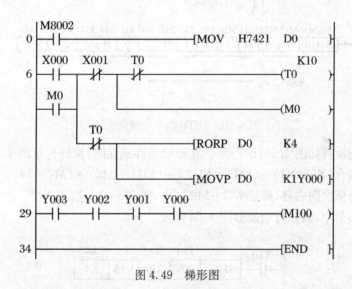

图 4.49 梯形图

（十一）位右移指令 SFTR(FNC34)(16)和位左移指令 SFTL(FNC35)(16)

上面介绍的循环右移 ROR 和循环左移 ROL 指令是一种对字元件本身的二进制位进行的移位指令，虽然其操作也用到位组合元件，但是把位组合元件当作字元件看待的组合仅限于 K8 和 K4。而这里的位元件移动，是指位元件组合（以区别组合位元件）的移动。其位元件组合的个数是没有限制的（n≤1024）。一次移位的位数也比循环移位指令多，实际应用中，也比循环移位指令方便。

1. 功能

当驱动条件成立时，将以[D.]为首址的位元件组合向右/左移动 n2 位，其高位/低位由 n2 位的位元件组合[S.]移入，而[S.]保持原值不变。n1 指定位元件[D.]位数，n2 指定[S.]位数及移动位数。

2. 操作数范围

[S.]的操作数包括 X,Y,M,S；[D.]的操作数包括 Y,M,S；n1,n2 的操作数包括 K,H。

3. 注意事项

n2≤n1≤1024。

位右移指令的格式如图 4.50(a)所示。图中的两个位元件组合：一个是 X 的组合，它的个数是 4 个(n2)，即 X3～X0；另外一个是位元件 M 的组合，它的个数是 16 个(n1)，即 M15～M0。

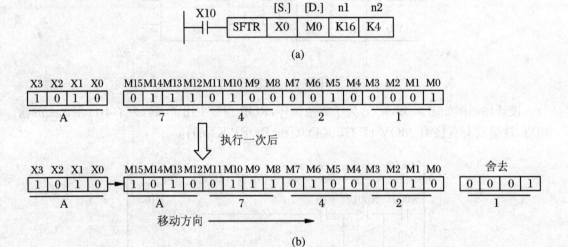

图 4.50 FFTR 指令功能说明图

指令的功能执行如图 4.50(b)所示。在驱动条件成立时，执行包括两个方面：

对位元件组合(X0～X1)→(M15～M12)→(M11～M8)→(M7～M4)→(M3～M0)进行右移四位一组依次向右移，最后 M3～M0 溢出，而 X0～X1 数据不变。

对于位左移指令，其执行功能如图 4.51 所示。

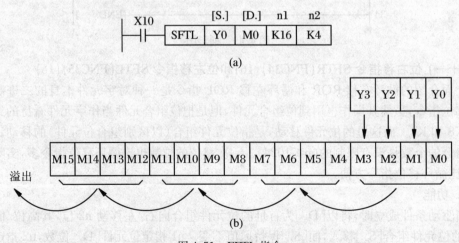

图 4.51 FFTL 指令

(十二) 区间复位指令 ZRST(FNC40)(16)

1. 功能

进行区间复位,也称批复位指令。

2. 操作数范围

[D1.]和[D2.]的操作数包括 Y,M,S,T,C,D(D1≤D2),指令格式如图 4.52(a)所示。

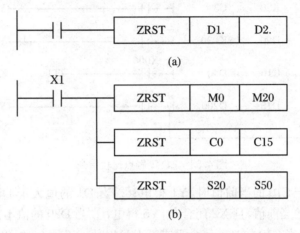

图 4.52　ZRST 指令格式

3. 注意事项

[D1.]和[D2.]指定的元件应为同类元件;[D1.]指定的元件号应小于或等于[D2.]指定的元件号。如果[D1.]指定的元件号大于[D2.]指定的元件号,只有[D1.]指定的元件号被复位;ZRST 指令是 16 位处理指令,一般不能对 32 位软元件进行区间复位处理,但对 32 位计数器 C200~C234 来说,也可以用 ZRST 进行区间复位处理,但不允许出现[D1.]指定为 16 位而[D2.]指定为 32 位计数器的情况,如"ZRST C180 C230"就不行。

如图 4.52(b)所示,当驱动条件成立时(X1＝1),将 M0~M20、C0~C15 和 S20~C50 复位(对位元件,全部置 OFF;对字元件,全部写入 K0)。

(十三) 触点比较指令

触点比较指令包括触点比较运算开始、串联连接、并联连接指令。如表 4.9 所示。

表 4.9　触点比较指令一览表

助记符	命令名称	助记符	命令名称
LD＝	(S1)＝(S2)时,运算开始的触点接通	AND<>	(S1)≠(S2)时,串联触点接通
LD>	(S1)>(S2)时,运算开始的触点接通	AND<＝	(S1)≤(S2)时,串联触点接通
LD<	(S1)<(S2)时,运算开始的触点接通	AND>＝	(S1)≥(S2)时,串联触点接通
LD<>	(S1)≠(S2)时,运算开始的触点接通	OR＝	(S1)＝(S2)时,并联触点接通
LD<＝	(S1)≤(S2)时,运算开始的触点接通	OR>	(S1)>(S2)时,并联触点接通
LD>＝	(S1)≥(S2)时,运算开始的触点接通	OR<	(S1)<(S2)时,并联触点接通
AND＝	(S1)＝(S2)时,串联触点接通	OR<>	(S1)≠(S2)时,并联触点接通
AND>	(S1)>(S2)时,串联触点接通	OR<＝	(S1)≤(S2)时,并联触点接通
AND<	(S1)<(S2)时,串联触点接通	OR>＝	(S1)≥(S2)时,并联触点接通

连接母线触点比较指令如图4.53所示。

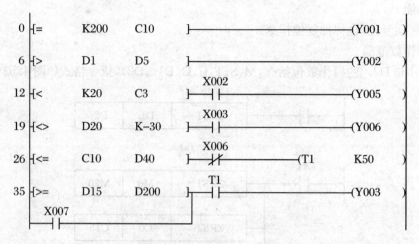

图4.53 LD型触点比较指令

① 当K200等于C10的当前值时,Y1得电;② 当D1的值大于D5的值时,Y2得电;③ 当K20小于C3的当前值,且X2闭合时,Y5得电;④ 当D20的值不等于CK-30,且X3闭合时,Y6得电;⑤ 当C10的当前值小于或等于D40,且X6闭合时,驱动T1;⑥ 当D15的值大于或等于D200的值,或X7闭合,而且T1的常开闭合时,Y2得电。

串联型触点比较指令如图4.54所示。

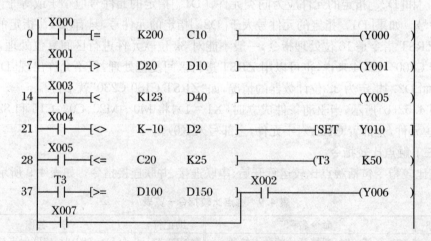

图4.54 AND型触点比较指令使用说明图

① 当X0接通,且K200等于C10的当前值时,Y0得电;② 当X1接通,且D20的值大于D10的值时,Y1得电;③ 当X3接通,且K123小于D40的值时,Y5得电;④ 当X4接通,且K-10不等于D2的值时,Y10置1;⑤ 当X5接通,且C20的当前值小于或等于K25时,驱动T3;⑥ 当T3的常开接通,且D100的值大于或等于D150的值,或X7接通,且X2接通时,Y6得电。

并联型触点型比较指令如图4.55所示。

① 当 X0 接通，或 K200 等于 C10 的当前值时，Y0 得电；② 当 X1 接通，且 X2 接通，或 D20 的值大于 K1000 时，Y1 得电；③ 当 X3 接通，或 K234 小于 D30 的值时，驱动 T1；④ 当 T1 接通，或 D20 的值不等于 D40 的值时，驱动 T2；⑤ 当 T2 接通，且 X4 接通，或 K50 小于或等于 D50 的值时，Y2 得电；⑥ 当 X5 接通，或 D70 的值大于或等于 K300 时，Y5 得电。

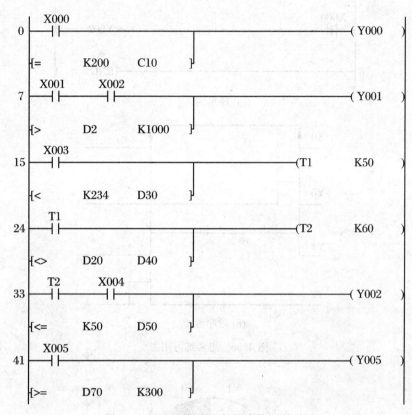

图 4.55 OR 型触点比较指令使用说明图

【总结与思考】

1. 总结

基本逻辑指令主要用于逻辑量的处理，而功能指令则用于对数字量的处理，主要有传送、变换、运算等。功能指令数量多、功能强大，本项目中仅介绍了常用的、有限的一小部分，读者根据自己需要，可以进一步查看相关书籍。

2. 思考

(1) 如图 4.56 所示，请你总结上升沿检测指令 LDP/LDF 与 LD 之间的区别。(ANDP/ANDF 与 AND 之间、ORP/ORF 与 OR 之间呢?)

(2) 如图 4.57 所示，圆周内安装有 12 盏灯，红灯、黄灯及绿灯各 4 盏，现要实现下列灯光变化功能。

启动系统：① 首先红灯亮；② 1 秒后黄灯亮，红灯灭；③ 1 秒后绿灯亮，黄灯灭；④ 1 秒

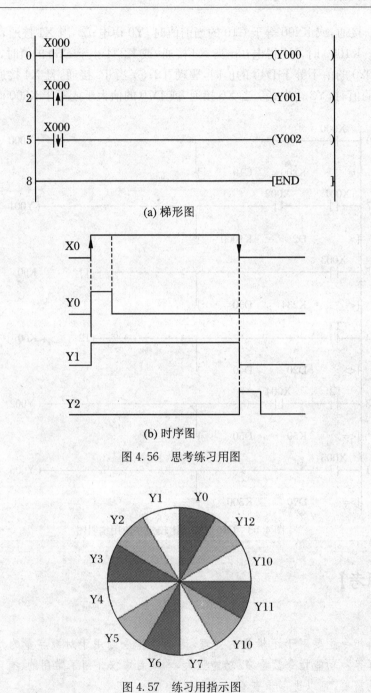

(a) 梯形图

(b) 时序图

图 4.56 思考练习用图

图 4.57 练习用指示图

后红灯再次亮,以后一直循环。

(3) 图 4.58 为采用触点比较指令编写的一个程序。

① 说出该程序的控制原理。

② 讨论:该程序中 M0 上升沿检测和下降沿检测指令都用到,为什么要用边沿检测指令?如果把图中 M0 下降沿检测指令 LDF 换为 LD,会出现什么情况?再把 LDF 换为 LDP

指令,又如何?

③ 请你指出该程序存在的不足之处。

④ 请你尝试编写与该程序不同的另一种程序,使之同样达到这样的控制要求。

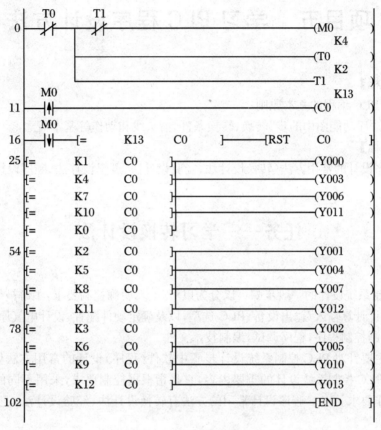

图 4.58 思考练习用图

项目五　学习 PLC 程序设计方法

【知识目标】
1. 掌握 PLC 编程的基本原则；
2. 掌握顺序功能图中的步、转换、转换条件、箭头线和动作等基本概念。

【技能目标】
掌握程序设计的常用方法（转换设计法、经验设计法、逻辑设计法、顺序设计法）及步骤。

任务一　学习转换设计法

PLC 控制系统设计的一般步骤可以分为以下几步：明确控制要求，了解被控对象的生产工艺过程，统计计算输入/输出设备、PLC 选型，以及确定硬件配置，设计电气原理图，设计控制台（柜），编制控制程序，程序调试，编制技术文件。

本项目主要针对 PLC 控制系统设计步骤中软件（程序）设计的常用方法做介绍。PLC 程序设计是 PLC 控制系统设计的重要内容，它是指根据控制要求，采用不同的设计方法以达到控制动作要求。PLC 程序设计常用的方法有转换设计法、经验设计法、逻辑设计法、顺序控制设计法等。

一、PLC 编程的基本原则

（一）梯形图的特点

（1）PLC 梯形图中所涉及的继电器均为软继电器，而不是物理继电器。

（2）PLC 中各继电器常开/常闭触点可以无限次地使用，或者说常开/常闭出点数有无穷对。

（3）外部按钮只能驱动输入继电器（X），而不能直接驱动内部（M,S,T,C）和输出继电器（Y），也就是说，我们不可能把按钮直接接到内部继电器和输出继电器上。因此，输入继电器在梯形图中只有其触点，没有其线圈。

（二）编程的基本原则和编程技巧

（1）梯形图在执行过程中，按从上到下、从左到右的顺序依次进行。每个逻辑行起始于左母线，终止于继电器线圈或右母线，线圈与右母线之间不能有触点，线圈与左母线之间要有触点。如果梯形图中出现线圈直接接左母线的情况，为了实现编程，可在线圈与左母线之间串入一个程序中未用到的继电器(建议用数量众多的内部通用辅助继电器,或用 M8000 常开触点)。

(2) PLC 采用循环扫描的工作方式,其输出为串行输出,与继电器-接触器控制的并行输出不同。

如图 5.1 所示,当接通 X0 时,因为第一条回路先执行,所以在执行第二条回路时,Y1 的常闭已经断开,所以 Y2 没能接通。

图 5.2 是接触器控制电路。理论上,当按下启动按钮 SB 时,KM1,KM2 将同时得电,之后又同时断电,以后重复得电—断电这一过程。可见串行输出与并行输出的执行是不一样的。

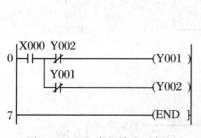
图 5.1 PLC 串行输出示例图

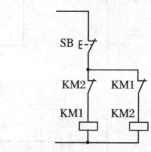
图 5.2 继电器-接触器并行输出示例图

(3) 双线圈输出是指同一继电器线圈在同一程序中出现两次及两次以上。一般情况只出现一次。在程序中,当出现双线圈时,最后出现的状态有效。编程时,要尽可能避免出现双线圈输出的情况,当出现双线圈时,可通过程序的改造来加以消除,如图 5.3 所示。一种

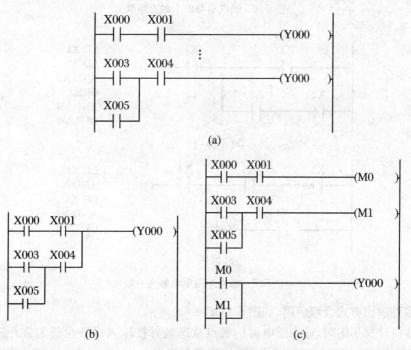
图 5.3 双线圈输出的处理

方法是把出现双线圈的各逻辑行合并(并联)后再接到继电器上,如图 5.3(b)所示;另外一种方法是各涉及的逻辑行的输出引入不同的辅助继电器,而后再把各辅助继电器常开触点并联后接需要的继电器线圈,如图 5.3(c)所示。

(4) 触点组(块)与单个触点串联,触点组应放到单个触点前面,如图 5.4 所示;触点组(块)与单个触点并联,触点组应放到单个触点上面,这样安排可使程序简短(指令少),如图 5.5 所示。

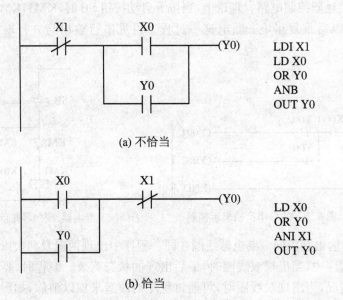

图 5.4 触点组与单个触点串联

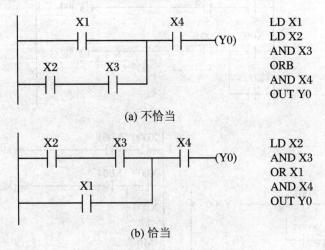

图 5.5 触点组与单个触点并联

(5) 多种输出方式合理应用,如图 5.6(a)~(c)所示。

(6) 在设计梯形图时,输入继电器的触点状态最好按输入设备全部为常开进行设计更为合适,不易出错。建议用户尽可能用输入设备的常开触点与 PLC 输入端连接。如果某些信号只能用常闭输入,可先按输入设备为常开来设计,然后将梯形图中对应的输入继电器触点取反(常开改成常闭,常闭改成常开)。

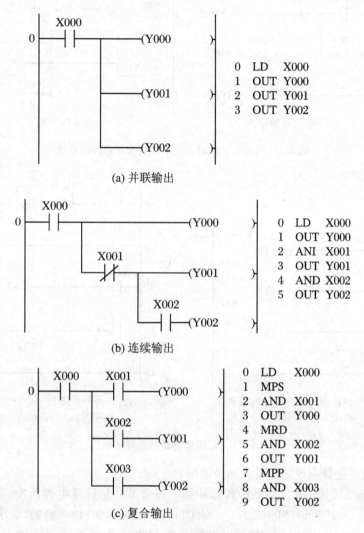

图5.6 不同的输出方式

(7) 关于时间继电器:

① 物理型时间继电器不同,软时间继电器没有瞬时触点,同一梯形图中既用到瞬时触点又用到延时触点时,应引入一个其他继电器(如中间辅助继电器),把该继电器的线圈与TIM并联,用该引入的继电器的触点代替TIM的瞬时触点(注意常开、常闭要对应)。

② 物理型时间继电器有通电延时型和断电延时型之分,软时间继电器只有通电延时型,没有断电延时型,如需要,可通过设计恰当的程序,用通电延时实现断电延时功能。如图5.7所示,当按下X0外接按钮(这里用自动复位型按钮)时,Y0即刻接通,当松开该按钮时,Y0延时后断开。

③ 当一个时间继电器所计时间不能满足时长要求时,可用多个时间继电器配合(或用

时间继电器与计数器配合)来扩展计时时长。如图 5.8(a),(b)所示。

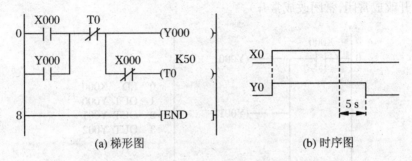

图 5.7　用通电延时时间继电器实现断电延时功能

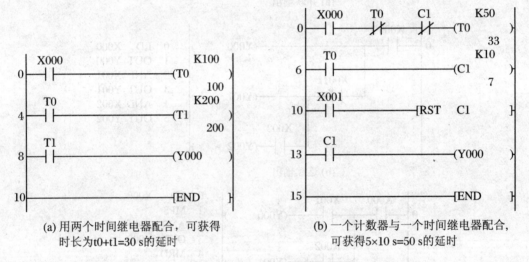

图 5.8　时间继电器的延时扩展

④ 用时间继电器实现宽度可调脉冲输出。

当程序中要用到脉冲时,如果所需脉冲频率符合某一特殊继电器所发,则可直接采用,如 10 ms(M8011)、100 ms(M8012)、1 s(M8013)、1 min(M8014)。例如,要求两盏灯按 f = 1 Hz 的频率交替闪光,此时可用特殊辅助继电器 M8013 来实现,如图 5.9 所示。但如果所

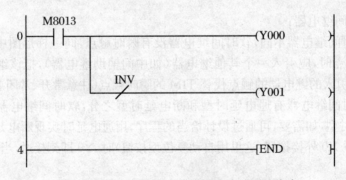

图 5.9　用两个时间继电器获得宽度可调的脉冲

需脉冲频率没有特殊辅助继电器对应,则可以用时间继电器通过编程来实现。如图5.10所示,当X0接通时,Y0实现了2秒接通、3秒断开的脉冲。

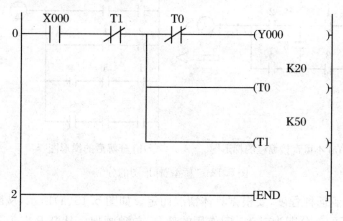

图5.10 用时间继电器获取宽度可调的脉冲

(8) 多个逻辑行均用到同一个触点时,可做合并处理;反之,也可以以各线圈为核心,找出可使该线圈接通的所有支路,把这些支路一一列出后并在一起,接到线圈上,这就是分解。

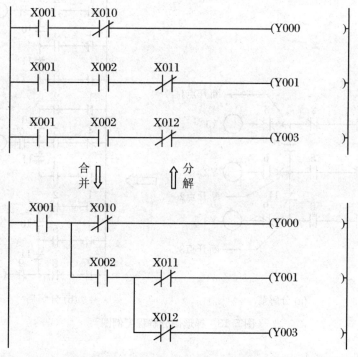

图5.11 梯形图的合并与分解

采用梯形图分解的办法,即使再复杂的梯形图(甚至无法编程)结构,也变得容易编程。如图5.12所示,该图为"桥型"梯形图,如果直接编程,是无法编的,经过分解后,就可以编程并实现(为了说明问题的方便,图中用1,2,3,4,…来代替触点,用Y1,Y2,Y3来表示线圈)。

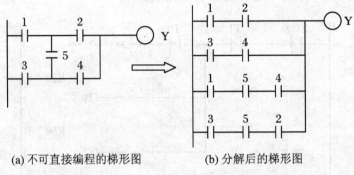

(a) 不可直接编程的梯形图　　(b) 分解后的梯形图

图 5.12 "桥型"梯形图的分解

梯形图分解到何种程度,要根据具体情况而定。如图 5.13(a)所示,从断开点 2、断开点 3 处断开后,剩下的部分即为对 Y1 起作用的部分,单独画出。从断开点 1、断开点 3 处断开后,剩下的部分即为对 Y2 起作用的部分,单独画出。从断开点 1、断开点 2 处断开后,剩下的部分即为对 Y3 起作用的部分,单独画出。画出后的梯形图如图 5.13(b)所示。

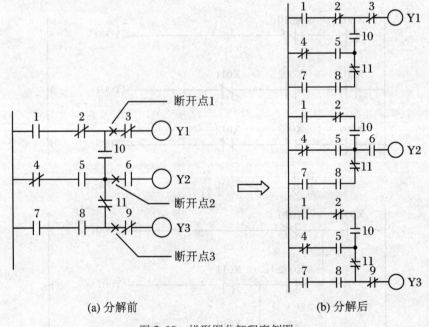

(a) 分解前　　　　　　　　　(b) 分解后

图 5.13 梯形图分解程度例图

二、转换设计法的基本概念

本书项目三的入门教学,正是采用了转换设计法。

转换设计法指根据现有的继电器-接触器控制线路转化为 PLC 控制的梯形图的方法。

继电器-接触器控制系统是PLC控制的基础,PLC应用的梯形图从形式上与继电器-接触器控制系统图是一致的。因此继电器-接触器控制系统不仅是学习PLC知识的基础,也是设计PLC程序的根本。

PLC控制取代继电器控制已是大势所趋。如果用PLC改造继电器控制系统,根据原有的继电器电路图来设计梯形图显然是一条捷径。这是由于原有的继电器控制系统经过长期的使用和考验,已经被证明能完成系统要求的控制功能,而继电器电路图又与梯形图有很多相似之处,因此可以将继电器电路图经过适当的"翻译",从而设计出具有相同功能的PLC梯形图程序,所以将这种设计方法称为"移植设计法"或"翻译法"。

三、转换设计法的基本步骤

(一) 分析原有系统的工作原理

了解被控设备的工艺过程和机械的动作情况,根据继电器电路图分析和掌握控制系统的工作原理。

(二) PLC的I/O分配

确定系统的输入设备和输出设备,进行PLC的I/O分配,画出PLC外部接线图。

(三) 建立其他元器件的对应关系

确定继电器电路图中的中间继电器、时间继电器等各器件与PLC中的辅助继电器和定时器的对应关系。

以上两步建立了继电器电路图中所有的元器件与PLC内部编程元件的对应关系,对于移植设计法而言,这非常重要。在这个过程中应该处理好以下几个问题:

① 继电器电路中的执行元件应与PLC的输出继电器对应,如交直流接触器、电磁阀、电磁铁、指示灯等。

② 继电器电路中的开关电器、主令电器、传感器等应与PLC的输入继电器对应,如按钮、位置开关、选择开关等。热继电器的触点可作为PLC的输入,也可接在PLC外部电路中,主要是看PLC的输入点是否足够。注意处理好PLC内、外触点的常开和常闭的关系。

③ 继电器电路中的中间继电器与PLC的辅助继电器对应。

④ 继电器电路中的时间继电器与PLC的定时器或计数器对应,但要注意:时间继电器有通电延时型和断电延时型两种,而定时器只有"通电延时型"一种。

(四) 设计梯形图程序

根据上述的对应关系,将继电器电路图转换成对应的梯形图,再根据梯形图的编程规则进行完善。对于复杂的控制电路可化整为零,先进行局部的转换,最后再综合起来。

转换过程可概括为以下六步:元件分类(输入、输出、内部)→通道分配(指定分类出来的元件与PLC软元件相对应)→外围接线→图形转换→梯形图修改完善→输入调试(用手持编程器输入,先根据梯形图写出指令表)。

(五) 仔细校对、认真调试

对转换后的梯形图一定要仔细校对、认真调试,以保证其控制功能与原图相符。

四、电动机正反转 PLC 控制设计安装

图 5.14 是继电器-接触器控制的电动机正反转控制线路。

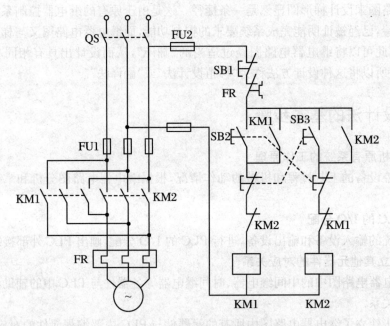

图 5.14 电动机正反转控制线路

转换为 PLC 控制的步骤如下:

1. 输入/输出元件的确定及元件地址分配

在图 5.14 控制线路中,属于输入元件的有 SB1,SB2,SB3,FR;属于输出元件的有 KM1,KM2。输入、输出的地址分配见表 5.1。

表 5.1 通道分配

输入元件		输出元件	
元件	输入继电器	元件	输出继电器
SB1	X1	KM1	Y1
SB2	X2		
SB3	X3	KM2	Y2
FR	X0		

2. 外围接线

根据上述地址分配,可画出如图 5.15 所示的外围接线图。

3. 画出对应的梯形图,写出语句表

画出的 PLC 梯形图及语句表如图 5.16 所示。

4. 结构完善优化

优化后的梯形图如图 5.17 所示。

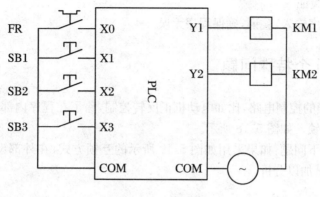

图 5.15 外围接线图

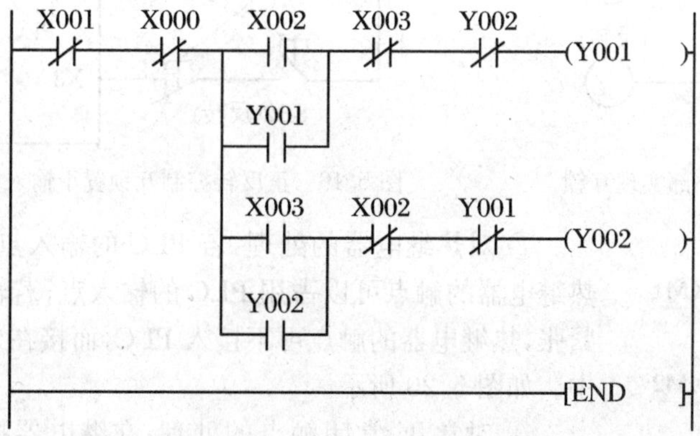

```
0   LDI   X001
1   ANI   X000
2   MPS
3   LD    X002
4   OR    Y001
5   ANB
6   ANI   X003
7   ANI   Y002
8   OUT   Y001
9   MPP
10  LD    X003
11  OR    Y002
12  ANB
13  ANI   X002
14  ANI   Y001
15  OUT   Y002
16  END
```

图 5.16 电动机正反转 PLC 控制梯形图及语句表

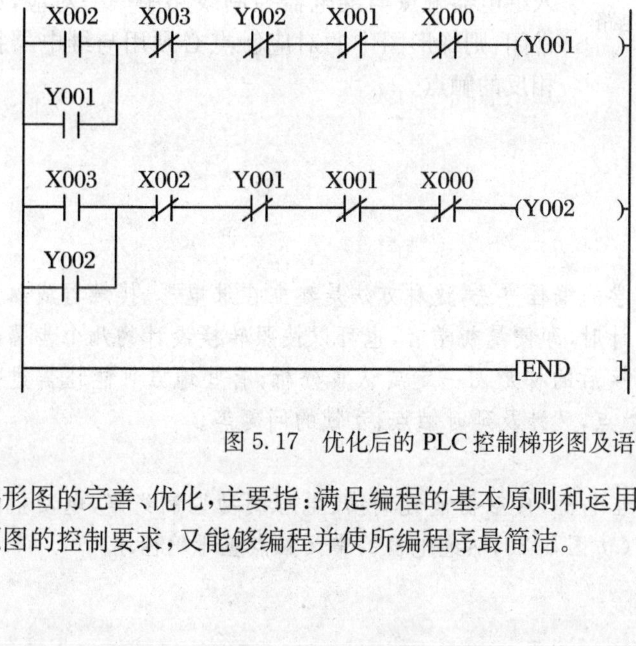

```
0   LD    X002
1   OR    Y001
2   ANI   X003
3   ANI   Y002
4   ANI   X001
5   ANI   X000
6   OUT   Y001
7   LD    X003
8   OR    Y002
9   ANI   X002
10  ANI   Y001
11  ANI   X001
12  ANI   X000
13  OUT   Y002
14  END
```

图 5.17 优化后的 PLC 控制梯形图及语句表

梯形图的完善、优化,主要指:满足编程的基本原则和运用编程的一些技巧,使梯形图既符合原图的控制要求,又能够编程并使所编程序最简洁。

5. 程序输入、验证

最后要进行程序输入、验证，确保程序无误。

五、设计中的几个特殊问题

① 对于有互锁的控制电路，比如电动机正反转控制，除了在程序内部设置"软"互锁，还需要在外部实施互锁。如图5.18所示。

请读者思考以下问题：如果采用如图5.19所示的互锁方式，在外部设置的互锁放在输入端，是否妥当？试加以分析。

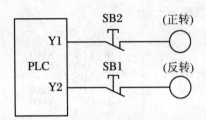

图5.18 正反转控制在外部实现互锁

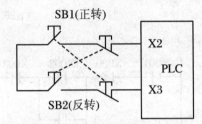

图5.19 正反转控制互锁置于输入端

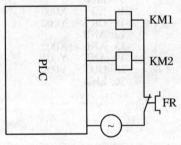

图5.20 热继电器触点置于外电路

② 对热继电器的处理：若PLC的输入点较富裕，热继电器的触点可以占用PLC的输入点；若输入点较紧张，热继电器的触点可不接入PLC，而接在外部电路中。如图5.20所示。

③ 对常开、常闭触点的处理：在继电器控制线路中，启动用常开，停止用常闭。在PLC中，一般都用常开。但用常闭也可以，在用常开时，梯形图中对应的输入继电器触点与继电器控制线路中一一对应，如采用常闭，则梯形图中的对应触点必须用与继电器控制中相反的触点。

【总结与思考】

1. 总结

转换设计法是一种简便易学的编程方法，这种方法是建立在继电器-接触器成熟的典型控制电路基础之上的。程序设计时，即便是初学者，也可以按照转换设计的几个步骤把梯形图变换出来，但一定要注意，变换后的梯形图一定要认真分析，有些地方可能还需进一步处理，如时间继电器既涉及瞬时触点，又涉及延时触点、互锁的问题等。

2. 思考

(1) 请用转换设计法设计继电器-接触器能耗制动、电容制动控制线路，电动机顺序启动、逆序停止的PLC控制程序（仿图5.20，热继电器的常闭触点置于输出端）。

（2）图 5.21 为常规继电器控制的时间继电器延时电路,试分析电路的工作原理。如果用 PLC 实现,该如何实现?

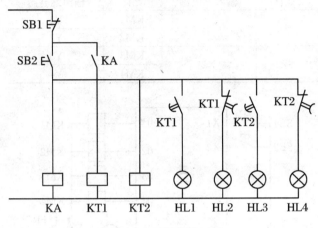

图 5.21 思考练习用图

任务二 学习经验设计法

在 PLC 发展的初期,沿用了设计继电器电路图的方法来设计梯形图程序,即在已有的典型梯形图的基础上,根据被控对象对控制的要求,不断地修改和完善梯形图。有时需要多次反复地调试和修改梯形图,不断地增加中间编程元件和触点,最后才能得到一个较为满意的结果。这种方法没有普遍的规律可以遵循,设计所用的时间、设计的质量与编程者的经验有很大的关系,所以有人把这种设计方法称为经验设计法。它可以用于逻辑关系较简单的梯形图程序设计。

用经验设计法设计 PLC 程序时,大致可以按下面几步来进行:分析控制要求,选择控制原则;设计主令元件和检测元件,确定输入、输出设备;设计执行元件的控制程序;检查修改和完善程序。

例 1 电动机顺序启动、逆序停止 PLC 控制程序的设计。

控制要求:四台电动机 M4,M3,M2,M1,启动的过程为顺序启动,即每隔 5 秒从 M4 开始依次到 M3,M2,M1 逐一启动,最后所有电机均处于运行状态;停止过程为逆序停止,即每隔 5 秒从 M1 开始依次到 M2,M3,M4 逐一停止。

本例中,按照控制要求,输入元件有:控制系统启动、停止的两个按钮——启动按钮和停止按钮,用 SB1,SB2 表示(如果要求能够实现任何时候都可以全部同时停止,则可增设一个按钮 SB3,梯形图的修改读者可自行完成),热继电器在本例中不占用输入点。输出元件有:四只交流接触器,分别表示为 KM1,KM2,KM3,KM4。通道分配见表 5.2。

外围接线参看图 5.22。

表 5.2 通道分配

输入元件		输出元件	
元件	输入继电器	元件	输出继电器
SB1	X1	KM1	Y1
		KM2	Y2
SB2	X2	KM3	Y3
		KM4	Y4

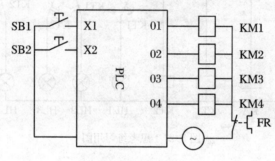

图 5.22 接线图

梯形图如图 5.23 所示。

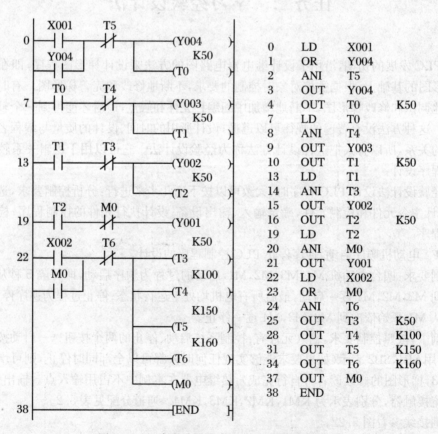

图 5.23 四台电动机顺序启动、逆序停止梯形图

请读者思考:

(1) 如果上述梯形图仅用一个按钮控制,第一次按实现顺序启动过程,第二次按实现逆序停止过程,则程序该如何修改?

(2) 如果上述四台电机改为四盏灯,且要使它们按上述过程自动循环起来,在全部点亮5秒后再实施逆序熄灭的过程,全部熄灭5秒后再实施顺序点亮的过程,又如何修改程序?

例2 交通十字路口红绿灯控制梯形图设计。

控制要求(图5.24):

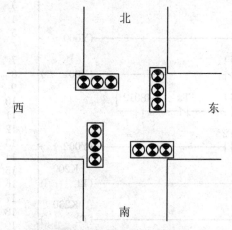

图5.24 交通灯控制示意图

(1) 东西方向车流量少,允许放行时间短(25秒);南北方向车流量多,允许放行的时间长(30秒)。

(2) 同一方向的绿灯亮→绿灯闪(3秒,闪光频率为10 Hz)→黄灯亮(2秒),在这一时间段内,另一方向的红灯一直保持亮。而后前者由黄变为红灯亮,后者执行绿灯亮→绿灯闪(3秒)→黄灯亮(2秒)的过程,如此循环下去。时序图见图5.25。

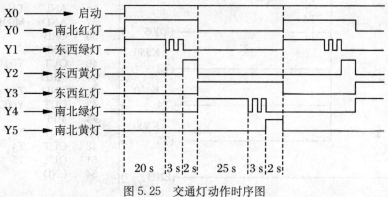

图5.25 交通灯动作时序图

根据控制要求,设计出的梯形图如图5.26所示。通道分配图及外围接线图请读者自己画出。

经验设计法对于一些比较简单的程序设计是比较奏效的,可以收到快速、简单的效果。

但是,由于这种方法主要是依靠设计人员的经验进行设计的,所以对设计人员的要求也就比较高,特别是要求设计者有一定的实践经验,对工业控制系统和工业上常用的各种典型环节比较熟悉。经验设计法没有规律可遵循,具有很大的试探性和随意性,往往需经多次反复修改和完善才能符合设计要求,所以设计的结果往往不是很规范,因人而异。

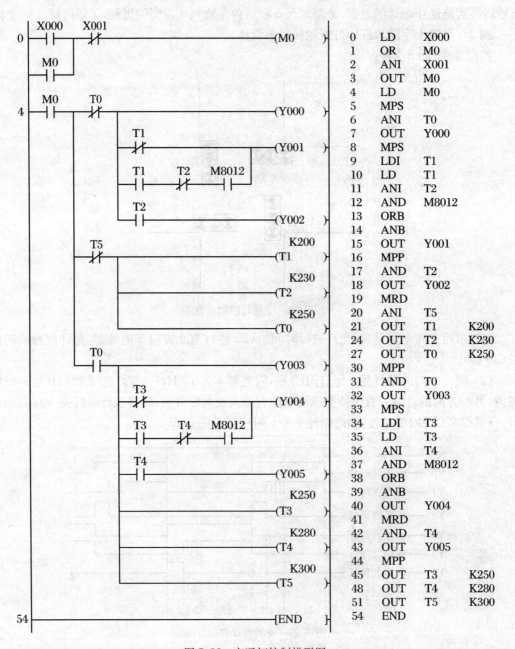

图 5.26 交通灯控制梯形图

经验设计法一般适合于设计一些简单的梯形图程序或复杂系统的某一局部程序(如手动程序等)。如果用来设计复杂系统梯形图,存在以下问题:

(1) 考虑不周,设计麻烦,设计周期长

用经验设计法设计复杂系统的梯形图程序时,要用大量的中间元件来完成记忆、联锁、互锁等功能,由于需要考虑的因素很多,它们往往又交织在一起,分析起来非常困难,并且很容易遗漏一些问题。修改某一局部程序时,很可能会对系统其他部分程序产生意想不到的影响,往往花了很长时间,还得不到一个满意的结果。

(2) 梯形图的可读性差,系统维护困难

用经验设计法设计的梯形图是按设计者的经验和习惯的思路进行设计的。因此,即使是设计者的同行,要分析这种程序也非常困难,更不用说维修人员了,这给 PLC 系统的维护和改进带来许多困难。

【总结与思考】

1. 总结

经验设计法的基本思路:在已有的一些典型梯形图的基础上,根据被控对象对控制的要求,通过多次反复地调试和修改梯形图,增加中间编程元件和触点,以得到一个较为满意的程序。经验设计法对于一些比较简单的程序设计是比较奏效的,可以收到快速、简单的效果。

基本特点:没有普遍的规律可以遵循,设计所用的时间、设计的质量与编程者的经验有很大的关系,具有很大的试探性和随意性,往往需经多次反复修改和完善才能符合设计要求,设计的结果往往不是很规范,因人而异。

适用场合:可用于逻辑关系较简单的梯形图程序设计。

2. 思考

送料小车自动控制的梯形图程序设计:

① 控制要求:如图 5.27 所示,系统启动,小车移动到 X4 处装料(小车停留在运行路线上的任意位置),20 秒后装料结束,开始右行,碰到 X3 后停下卸料,25 秒后左行,碰到 X4 后又停下装料,这样不停地循环工作。按钮 X0 和 X1 分别用来启动小车右行和左行。

② 系统启动,小车先到限位开关 X4 处装料,但在 X5 和 X3 两处轮流卸料,如图 5.28 所示。

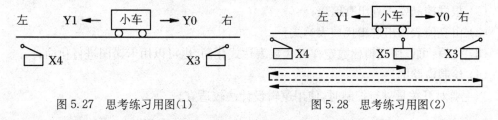

图 5.27　思考练习用图(1)　　　　图 5.28　思考练习用图(2)

请用经验设计法设计出满足控制要求的 PLC 梯形图。

任务三 学习逻辑设计法

逻辑设计法,就是应用逻辑代数以逻辑组合的方法和形式设计程序。逻辑设计法的理论基础是逻辑函数,逻辑函数就是逻辑运算与、或、非的逻辑组合。因此,从本质上来说,PLC 梯形图程序就是与、或、非的逻辑组合,也可以用逻辑函数表达式来表示。

用逻辑法设计梯形图,必须在逻辑函数表达式与梯形图之间建立一种一一对应关系,即梯形图中常开触点用原变量(元件)表示,常闭触点用反变量(元件上加一小横线)表示。触点(变量)和线圈(函数)只有两个取值"1"与"0",1 表示触点接通或线圈有电,0 表示触点断开或线圈无电。触点串联用逻辑"与"表示,触点并联用逻辑"或"表示,其他复杂的触点组合可用组合逻辑表示,它们的对应关系如表 5.3 所示。

表 5.3 逻辑函数表达式与梯形图的对应关系

逻辑函数表达式	梯形图	逻辑函数表达式	梯形图
逻辑"与" $M0 = X1 \cdot X2$	X1 X2 M0	"与"运算式 $M0 = X1 \cdot X2 \cdots Xn$	X1 X2 ⋯ Xn M0
逻辑"或" $M0 = X1 + X2$	X1, X2 并联 M0	"或/与"运算式 $M0 = (X1 + M0)X2 \cdot X3$	X1 X2 X3 M0;M0 并联
逻辑"非" $M0 = \overline{X1}$	X1(常闭) M0	"与/或"运算式 $M0 = (X1 \cdot X2) + (X3 \cdot X4)$	X1 X2 M0;X3 X4

一、逻辑设计法设计的基本步骤

(1) 根据控制要求列出真值表;
(2) 由真值表写出逻辑代数表达式;
(3) 化简:可以用逻辑代数定律对代数表达式化简,也可以用卡诺图进行化简;
(4) 绘制电路图。

当主要对开关量进行控制时,使用逻辑设计法较适宜。

二、逻辑设计法举例

例 1 控制要求:KA1,KA2,KA3 三个中间继电器,有一个或两个动作时运转,其他条件下均不运转。试设计出满足上述要求的梯形图。

(1) 真值表见表 5.4。

表 5.4 真值表

KA1	KA2	KA3	KM
0	0	0	0
0	0	1	1
0	1	0	1
0	1	1	1
1	0	0	1
1	0	1	1
1	1	0	1
1	1	1	0

(2) 写出逻辑代数式并化简

$$KM = (\overline{KA1} \cdot \overline{KA2} \cdot KA3) + (\overline{KA1} \cdot KA2 \cdot \overline{KA3}) + (\overline{KA1} \cdot KA2 \cdot KA3)$$
$$+ (KA1 \cdot \overline{KA2} \cdot \overline{KA3}) + (KA1 \cdot \overline{KA2} \cdot KA3) + (KA1 \cdot KA2 \cdot \overline{KA3})$$
$$= \overline{KA1}[\overline{KA2} \cdot KA3 + KA2 \cdot \overline{KA3} + KA2 \cdot KA3]$$
$$+ KA1[\overline{KA2} \cdot \overline{KA3} + \overline{KA2} \cdot KA3 + KA2 \cdot \overline{KA3}]$$
$$= \overline{KA1}[\overline{KA2} \cdot KA3 + KA2(\overline{KA3} + KA3)]$$
$$+ KA1[\overline{KA2}(\overline{KA3} + KA3) + KA2 \cdot \overline{KA3}]$$
$$= \overline{KA1}(KA2 + KA3) + KA1(\overline{KA2} + \overline{KA3})$$

(3) 绘制电路图,见图 5.29(a)~(c)。

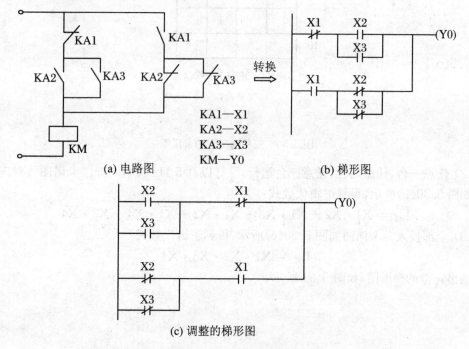

图 5.29 逻辑设计梯形图

例2 四台电动机状态指示,四台全部停止工作,绿灯亮;其中任意一台、任意两台、任意三台运行,红灯以 1 Hz 频率闪烁;全部投入,红灯亮。

先指定:四台电动机的运行分别用 X1,X2,X3,X4 个输入对应,绿灯:Y0,红灯:Y1。

(1) 全部投入,绿灯亮。对应的卡诺图机如图 5.30(a)所示,由此得到对应的逻辑代数式:$L_绿 = \overline{X1} \cdot \overline{X2} \cdot \overline{X3} \cdot \overline{X4}$。

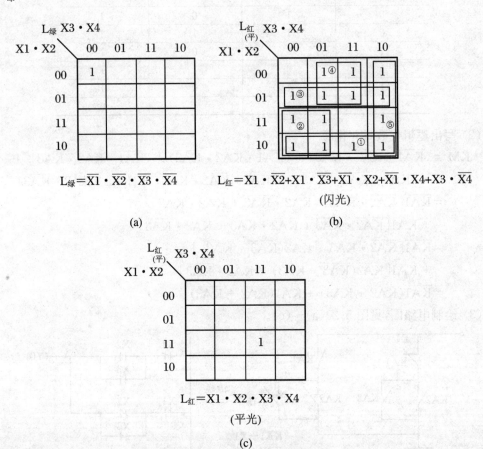

图 5.30 三种情况下的卡诺图

(2) 任意一台、任意两台、任意三台运行,红灯以 0.5 Hz 频率闪烁。卡诺图及对应的梯形图如图 5.30(b)所示,得到逻辑代数式:

$$L_红 = X1 \cdot \overline{X2} + X1 \cdot \overline{X3} + \overline{X1} \cdot X2 + \overline{X1} \cdot X4 + X3 \cdot \overline{X4}$$

(3) 全部投入。卡诺图如图 5.30(c)所示,得到逻辑代数式:

$$L_红 = X1 \cdot X2 \cdot X3 \cdot X4$$

画出完整的梯形图,如图 5.31 所示。

项目五 学习PLC程序设计方法

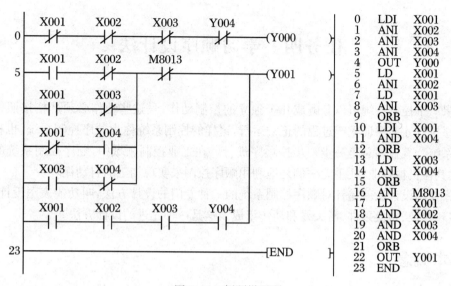

图 5.31 例题梯形图

【总结与思考】

1. 总结

逻辑设计法,就是应用逻辑代数以逻辑组合的方法和形式设计程序。逻辑设计法的理论基础是逻辑函数,逻辑函数就是逻辑运算与、或、非的逻辑组合。因此,从本质上来说,PLC梯形图程序就是与、或、非的逻辑组合。这种方法是对控制任务进行逻辑分析和综合,将元件的通、断电状态视为以触点通、断状态为逻辑变量的逻辑函数,利用PLC逻辑指令可顺利地设计出满足要求且较为简练的程序的一种简单有效的设计方法。逻辑设计法适合于设计开关量控制程序。用这种方法设计PLC程序,具有思路清晰、程序易于优化等优点。

2. 思考

(1) 请按指定的设计方法设计出满足要求的PLC控制程序。

① 三台电动机顺序启动,逆序停止,两台间启动和停止间隔时间均为5秒。(用转换设计法或经验设计法。)

② 用红、黄、绿三盏灯指示它们的状态:三台电动机均处于停止状态时,红灯亮;顺序启动过程中,黄灯以0.5 Hz的频率闪烁;全部启动后,绿灯亮。(用逻辑设计法。)

(2) 用四只拨码开关组合,把BCD8421码对应的十六进制的0,1,2,3,4,5,6,7,8,9,A,B,C,D,E用数码管显示出来。(用逻辑设计法。)

① 画出外围接线图。

② 编写技术资料(说明书、设计过程)

③ 在实验室完成接线并输入程序调试。

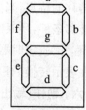

图 5.32 思考练习图

任务四　学习顺序设计法

如果一个控制系统可以分解成几个独立的控制动作,且这些动作必须严格按照一定的先后次序执行才能保证生产过程的正常运行,这样的控制系统称为顺序控制系统,也称为步进控制系统。其控制总是一步一步按顺序进行。在工业控制领域中,顺序控制系统的应用很广,尤其在机械行业,几乎无一例外地利用顺序控制来实现加工的自动循环。

顺序控制设计法就是针对顺序控制系统的一种专门的设计方法,叫功能表图设计法,它主要由步、转换、转换条件、箭头线和动作组成。这是一种先进的设计方法。

一、基本概念

(一) 步

根据系统输出量的变化,将系统的一个工作循环过程分解成若干个顺序相连的阶段。"步"在状态流程图中用方框来表示。编程时一般用 PLC 内部的软继电器表示各步,如 $\boxed{M20}$ 或 $\boxed{S20}$。

(二) 初始步

系统初始状态所处的步称为初始步,初始步一般是系统等待启动命令的相对静止状态。每一个顺序功能图至少有一个初始步。初始步用双线框表示,如 $\boxed{S}$。

(三) 活动步

当前正在执行的步,某步处于活动状态时,相应的动作被执行。

(四) 有向连线

步与步之间的连线,表示步的活动状态的进展方向。注:无箭头的有向连线表示转换方向为上→下、左→右。如果流向为从下向上、从右向左,需用带箭头的有向连线。

(五) 转移

从当前步进入下一步。转移是用与有向连线垂直的短划线表示。转移的实现:
① 前级步必须是"活动步";
② 对应的转换条件成立。

转移的特点:当前步转移到下一步后,前一步要自动复位。

转移条件:使系统从上一工步向下一工步转换时应该满足的条件。通常,转换条件有按钮、行程开关、定时器或计数器等。转换条件可以是文字语言、布尔代数表达式或图形符号标注在表示转换的短划线旁边。如图 5.33 所示。

(六) 动作(输出)

指某步活动时,PLC 向被控系统发出的命令,或系统应执行的动作。动作用矩形框或圆,中间用文字或符号表示,如果某一步有几个动作,则可用图 5.34 表示,实际功能图中,动作就是指驱动相应的继电器,如图 5.35 所示。

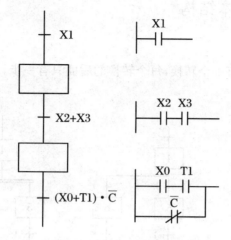

图 5.33 转换条件的表示

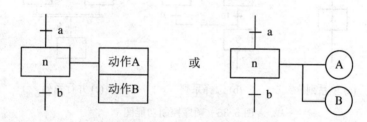

图 5.34 驱动多个输出

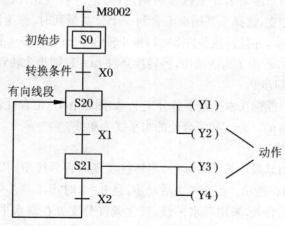

图 5.35 顺序控制功能图

步是根据 PLC 的输出量是否发生变化来划分的,只要系统的输出量状态发生变化,系统就从原来的步进入新的步。

二、状态转移图的基本结构

(一) 单序列结构

每个前级步的后面只有一个转换,每个转换的后面只有一步。每一步都按顺序相继激活,如图 5.36(a)所示。

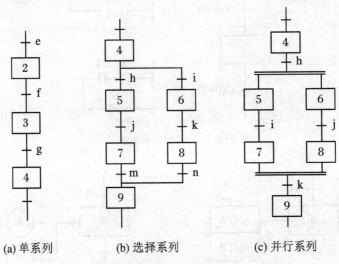

图 5.36 顺序控制功能图

(二) 选择序列结构

一个前级步的后面紧跟着若干后续步可供选择,但一般只允许选择其中的一个分支。选择系列的开始称为分支,选择系列结束汇合到一个公共系列时,称为汇合。如图 5.36(b)所示,如果步 4 是活动步,并且转换条件 h=1,步 4 转到步 5;如果步 4 是活动步,且 i=1,则步 4 转到步 6。汇合处,若步 7 为活动步,且转换条件 m=1,则步 7 转到步 9;若步 8 为活动步,且 n=1,则步 8 转到步 9。

转换符号分支处只能标在水平线下各分支上(如图中 h,i);汇合处转换条件标在水平线上个分支上(如图中 m,n)。分支和汇合处的水平线为单线。

(三) 并行序列结构

一个前级步的后面紧跟着若干后续步,当转换实现时将后续步同时激活。用双线表示并进并出。如图 5.36(c)所示。当步 4 为活动步,且 h=1 时,5,6 两步同时被激活。

并行系列分支与汇合处,采用双水平线,转化条件分支处在双水平线上(如图中 h);汇合处转换条件在双水平线下(如图中 k)。

(四) 跳步、重复和循环序列结构

① 跳步序列:当转换条件满足时,跳过几个后续步不执行。
② 重复序列:当转换条件满足时,重新返回到前级步执行。
③ 循环序列:当转换条件满足时,用重复的办法直接返回到初始步。

例 1 液压工作台的工作过程的分步。

液压工作台的工作过程示意图如图 5.37 所示。

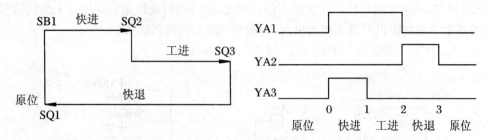

图 5.37　液压工作台的工作过程示意图

液压工作台的整个工作过程可划分为：原位（SB1）、快进（SQ2）、工进（SQ3）和快退（SQ1）四步；各步电磁阀 YA1，YA2，YA3 的状态如表 5.5 所示。

表 5.5　真值表（＋:接通，－:不接通）

	YA1	YA2	YA3	转换主令
快进	＋	－	＋	SB1
工进	＋	－	－	SQ2
快退	－	＋	－	SQ3
停止	－	－	－	SQ1

(1) 液压工作台初始状态：停在原位（压合 SQ1），此时，YA1，YA2，YA3 均无输出。
(2) 按 SB1：快进，此时，YA1 有输出，YA2 无输出，YA3 有输出。
(3) 压合 SQ2：工进，此时，A1 有输出，YA2 无输出，YA3 无输出。
(4) 压合 SQ3：快退，YA1 无输出，YA2 有输出，YA3 无输出。当快退回原位时停止（回到原位）。

① 绘制流程图，流程图是描述控制系统的控制过程、功能和特性的图形。如图 5.38 所

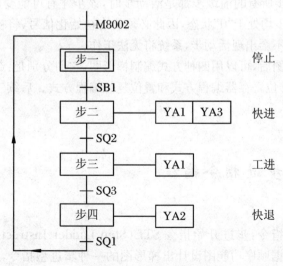

图 5.38　状态转移图的绘制

示;当 PLC 刚进入程序运行状态时,由于 M0 的前步 M3 还不曾得电,虽然 SQ1 已满足,故 M0 无法得电,其所有的后续步均无法工作。因此,刚开始时应该给初始步一个激活信号,且此信号在激活初始步以后就不能再出现,否则会同时出现两活动步。

② PLC 接线与最终的状态转移图,如图 5.39 所示。

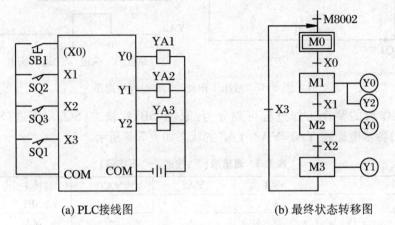

(a) PLC 接线图　　　　(b) 最终状态转移图

图 5.39　PLC 接线图与状态转移图

三、绘制状态转移图的注意事项

(1) 两个步不能直接相连,必须用一个转换将其隔开。
(2) 两个转换也不能直接相连,必须用一个步将它们隔开。
(3) 初始步必不可少。
(4) 功能表图中初始步是必不可少的。
(5) 只有当某一步所有的前级步都是活动步时,该步才有可能变成活动步。PLC 开始进入 RUN 方式时各步均处于"0"状态,因此必须要有初始化信号,将初始步预置为活动步,否则功能表图中永远不会出现活动步,系统将无法工作。

在获得状态转移图后,可以用四种方式编制梯形图,它们分别是:起保停编程方式、步进梯形指令编程方式、移位寄存器编程方式和置位复位编程方式。后续三节的内容,将逐一介绍不同的编程方法。

子任务一　用步进指令编程

步进指令有两条指令:步进开始指令 STL(Step Ladder Instruction)和步进结束指令 RET。步进指令是根据顺序功能图设计出梯形图的一种步进型指令,它们必须与状态继电器(S)配合使用才具有步进功能。

使用步进指令进行编程的基本步骤:

(1) 列出现场信号与 PLC 软继电器编号对照表(I/O 分配)。
(2) 根据控制要求画出状态转移图。
(3) 将状态转移图转换为梯形图。
(4) 设计出对应的 PLC 外部接线图。
(5) 写出梯形图的语句表。

一、单系列编程

如图 5.40(a)所示,小车开始停在导轨上某处,当按启动按钮 SB1 时,小车右行,达到右限位置,触动右限位开关 SQ1,则向左返回,当达到左限位置时,触动左限位开关 SQ2,又向右行,如此往返不断循环。在任何时候,按停止按钮 SB2,小车停止。

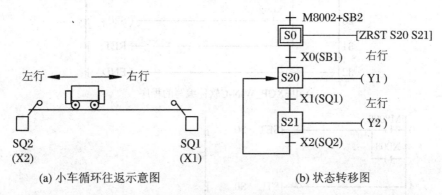

(a) 小车循环往返示意图   (b) 状态转移图

图 5.40 示意图与状态转移图

(一) 列出 I/O 分配表

见表 5.6。

表 5.6 I/O 分配表

输入			输出		
启动按钮	SB1	X0	右行(电动机正转)	KM1	Y1
右限位开关	SQ1	X1	左行(电动机反转)	KM2	Y2
左限位开关	SQ2	X2			
停止按钮	SB2	X3			

(二) 绘制顺序控制功能图

如图 5.40(b)所示。

(三) 设计步进梯形图

如图 5.41 所示,图(a)是用软件 FXGP_WIN-C 编写的梯形图,图(b)是用软件 GX Developer 编写的梯形图。FXGP_WIN-C 现在已经基本被淘汰,后者在安装 GX Simulator 软件后具有仿真功能,并且兼容性很好,现在普遍采用的是 GX Developer 编程软件,以下编程均采用 GX Developer。关于编程软件的使用,将在后续任务中介绍。(PLC 外部接线略。)

(四) 编写指令语句表

语句表如图 5.41(c)所示,两种软件所用的语句表是一样的。

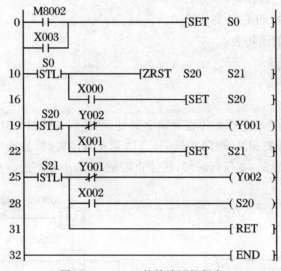

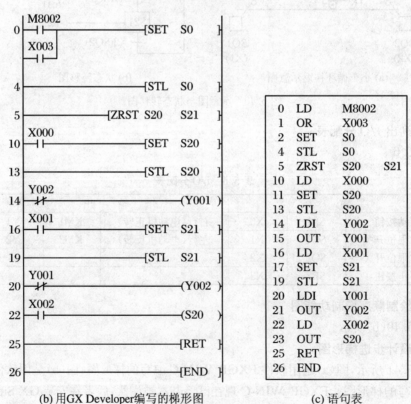

(a) 用FXGP_WIN-C软件编写的程序

(b) 用GX Developer编写的梯形图　　(c) 语句表

图 5.41　两种软件编写的梯形图

二、选择系列编程

在前面我们介绍了选择系列功能图,这里以图 5.42 为例介绍其用步进指令编程。

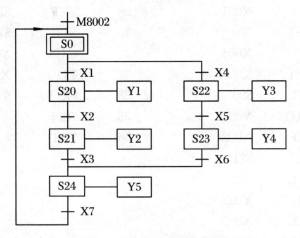

图 5.42 选择系列编程例图

选择系列的分支和汇合的编程原则是:先集中处理分支状态,再集中处理会合状态。梯形图如图 5.43 所示。

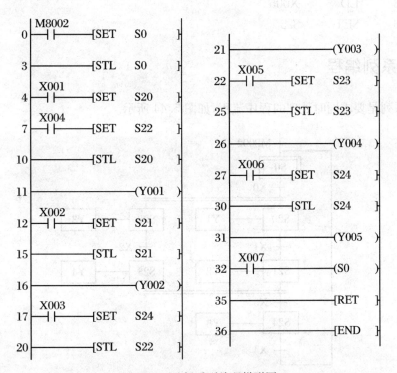

图 5.43 选择系列编程梯形图

根据梯形图写出语句表如下：

0	LD	M8002	25	STL	S23
1	SET	S0	26	OUT	Y004
3	STL	S0	27	LD	X006
4	LD	X001	28	SET	S24
5	SET	S20	30	STL	S24
7	LD	X004	31	OUT	Y005
8	SET	S22	32	LD	X007
10	STL	S20	33	OUT	S0
11	OUT	Y001	35	RET	
12	LD	X002	36	END	
13	SET	S21			
15	STL	S21			
16	OUT	Y002			
17	LD	X003			
18	SET	S24			
20	STL	S22			
21	OUT	Y003			
22	LD	X005			
23	SET	S23			

三、并行系列编程

并行系列是要求同时处理的程序流程，如图 5.44 所示。

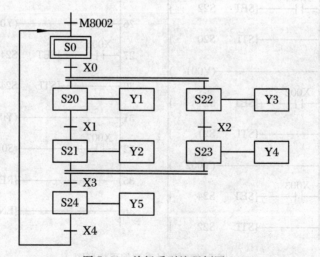

图 5.44　并行系列编程例图

如图 5.45 所示。需要说明的是,这不是唯一的编程顺序,在用 GX Developer 编程时,先画出 SFC 图,经转换后的梯形图与此处的略有不同。

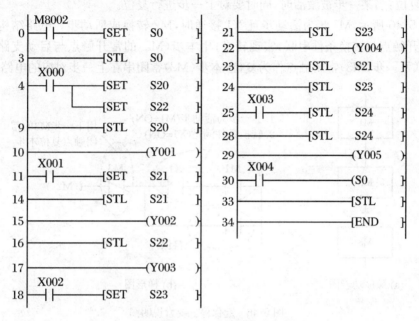

图 5.45 并行系列梯形图

使用步进指令进行编程,需要注意以下几方面的问题:

(1) 在用 FXGP_WIN-C 软件编写的梯形图中,STL 触点(常开)与左侧母线相连,与 STL 触点相连的触点应使用 LD 或 LDI 指令。

(2) 当某一步为活动步时,对应的 STL 触点接通,该步的负载被驱动,STL 触点可以直接驱动或通过别的触点驱动 Y,M,S,T 等元件的线圈。

(3) STL 指令允许双线圈输出。

(4) 当某活动步的后面的转换条件满足时,转换实现如下:后继步变为活动步,当前步变为非活动步(系统自动复位)。

(5) STL 驱动电路块中不能使用 MC 和 MCR 指令。

(6) 中断程序和子程序内不能使用 STL 指令。

子任务二 用起保停电路编程

用步进指令编程,需要和状态继电器配合,实现当某一步激活时,上一步自动复位。采用起保停电路编程时,用辅助继电器 M 来代表步。

起保停三要素:

(1) 转换:前级步为活动,转换条件成立。
(2) 自保:当某一步被激活时,要有自保(自锁)功能,以便完成该步中的驱动动作。
(3) 复位:当某一步被激活时,同时要对上一步进行复位。

如图 5.46 所示,M1 步为活动步且 X1 接通时,M2 转换成活动步。电路结构上是用前一步的常开触点与转换条件串联,实现转换;用本步(M2)的常开触点与启动支路并联实现自保;串联下一步(M3)常闭触点作为复位,本步(M2)常闭串在上一步对应的电路中。

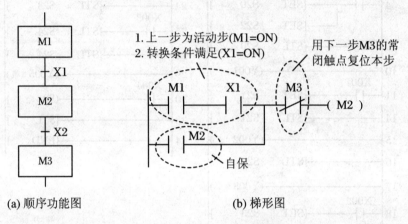

图 5.46 起保停三要素说明图

一、单系列编程

液体混合装置如图 5.47 所示,上限位 X0、中限位 X1、下限位 X2 传感器被液体淹没时置为 ON;阀 A、阀 B、阀 C 为电磁阀,线圈通电时打开,线圈断电时关闭。开始时容器是空的,各阀门均关闭,各传感器均为 OFF。按下启动按钮 X10 后,打开阀门 A,液体 A′流入容器。当液面上升到中限位时,X1 置为 ON,关闭阀门 A,打开阀门 B,液体 B′流入容器。当液面到达上限位时,X0 置为 ON,关闭阀门 B,电动机 M 开始运行,搅动液体。60 秒后停止搅动,打开阀门 C,放出混合液。当液面下降至下限位 X2 之后 5 秒,容器放空,关闭阀 C,打开阀 A,又开始下一周期的操作。按下停止按钮 X11,在当前工作周期的操作完成结束后,才停止操作(停在初始状态)。画出控制系统的顺序功能图,并使用起保停电路的编程方法将其转换为梯形图。

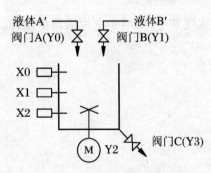

图 5.47 液体混合装置示意图

画出顺序功能图,如图 5.48 所示。
梯形图如图 5.49 所示。

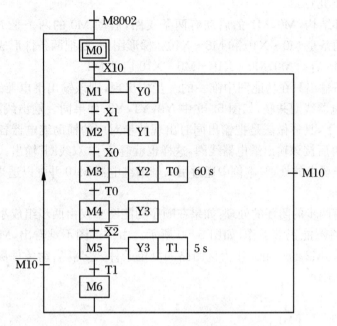

图 5.48 顺序功能图

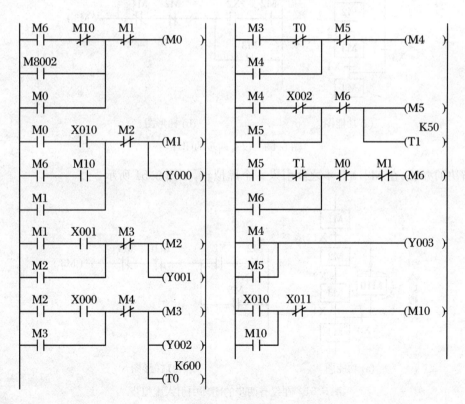

图 5.49 梯形图

需要说明以下几点：

(1) 对于闭环结构，M0，M1 的启动有两条支路，启动 M0 的两条是 M8002 和 $\overline{M10}$·M6，启动 M1 的两条是 M0·X10 和 M6·X10。梯形图中，要把两条件形成的支路并联，即 M8002+$\overline{M10}$·M6 启动 M0；M0·X10+M6·X10 启动 M1。

(2) 如果某一输出只在功能图中唯一的一步中出现，则该输出继电器线圈可直接与该步对应的辅助继电器线圈并联，如图 5.49 中 Y0，Y1，Y2；如果同一输出线圈出现在不同步中，则需要处理一下，具体做法是把输出同时出现的步对应的辅助继电器各取一常开触点，把它们相并联后再后接该输出继电器线圈，这样也就避免了"双线圈"输出。

(3) 对于停止要求的处理，本例中通过引入辅助继电器 M10 并配以适当的电路来实现，读者可以自行分析。

(4) 对于只有两步的闭环的处理：如果在顺序功能图中仅由两步组成小闭环，用起保停电路设计梯形图将不能正常工作，如图 5.50 所示。由梯形图不难看出，M2·X2 = ON 为 M3 的启动条件，但 M2 的常闭又作为该回路的复位条件，显然，启动条件满足，则 M2 常闭断开，该回路无法工作。

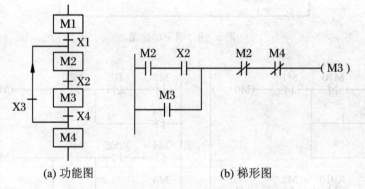

(a) 功能图　　　　　　　(b) 梯形图

图 5.50　仅有两步的闭环

解决的办法：在 M2，M3 步之间引入一个虚拟步，如图 5.51 所示。

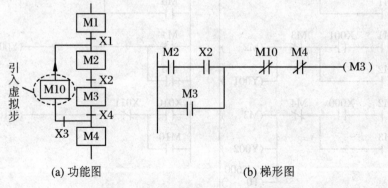

(a) 功能图　　　　　　　(b) 梯形图

图 5.51　在仅有两步的闭环中引入虚拟步

二、选择系列编程

某生产线送料小车如图 5.52 所示。当按下右行启动按钮时,小车由 SQ1 处右行到 SQ2 处停留 5 秒,再左行至 SQ1 处停下;当按下左行按钮时,小车由 SQ1 处右行到 SQ3 处停留 5 秒,再左行至 SQ1 处停下。

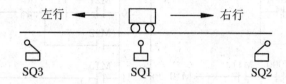

图 5.52 送料小车示意图

(1) 列写出 I/O 点的分配表,见表 5.7。

表 5.7 I/O 分配表

输入		输出	
名称	输入点编号	名称	输出点编号
右行启动按钮 SB1	X0	左行接触器 KM1	Y1
左行启动按钮 SB2	X10	右行接触器 KM1	Y2
中限位开关 SQ1	X1		
右限位开关 SQ2	X2		
左限位开关 SQ3	X3		

(2) 根据控制要求绘制循序控制功能图,如图 5.53 所示。

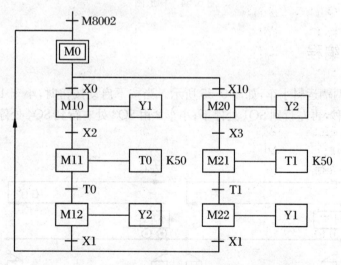

图 5.53 顺序控制功能图

(3) 根据顺序功能图画出梯形图。在顺序功能图 5.53 中,M0 的启动有三条支路(条件):① M8002;② M12·X1;③ M22·X1,在梯形图中,把三条支路并联作为 M0 的启动部分,即 M8002＋M12·X1＋M22·X1。M0 的复位条件为:$\overline{M10}·\overline{M20}$。

梯形图如图 5.54 所示。

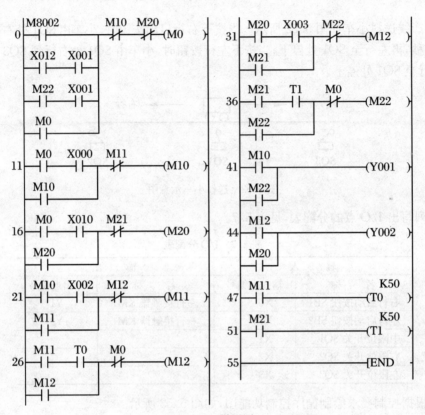

图 5.54 梯形图

三、并行系列编程

某生产线有两辆运料小车,如图 5.55 所示。当按下启动按钮时,小车 1 由 SQ1 处右行到 SQ2 处停留 5 秒,再左行到 SQ1 处停下;小车 2 由 SQ3 处右行到 SQ4 处停留 5 秒,再左行到 SQ3 处停止。

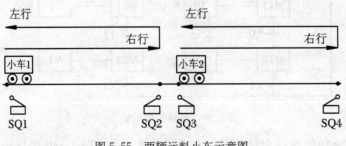

图 5.55 两辆运料小车示意图

(1) 列写出 I/O 分配表,见表 5.8。

表 5.8　I/O 分配表

输入		输出	
名　称	输入点编号	名　称	输出点编号
启动按钮 SB1	X0	小车 1 左行接触器 KM1	Y1
限位开关 SQ1	X1	小车 1 右行接触器 KM2	Y2
限位开关 SQ2	X2	小车 2 左行接触器 KM3	Y3
限位开关 SQ3	X3	小车 2 右行接触器 KM4	Y4
限位开关 SQ4	X4		

(2) 根据控制要求绘制顺序功能图。本例中，小车 1、小车 2 要求同时运行，因此采用并行系列结构，绘制的顺序功能图如图 5.56 所示。

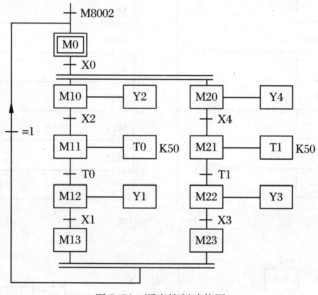

图 5.56　顺序控制功能图

(3) 根据顺序功能图画出梯形图，如图 5.57 所示。本例中，M0 的启动回路有两条：M8002 和 M13·M23，因此 M0 的启动部分为 M8002 + M13·M23，这里要注意，因为是并行结构，M12，M13 常开串联形成启动条件之一；对于 M0 的复位，可用 M10，M20 常闭串联形成 $(\overline{M10}·\overline{M20})$，也可只用其中之一的常闭。

子任务三　用 SET/RST 编程

用 SET/RST 编程的方法，也就是转换为中心的编程方法，其顺序功能图的编写与以起保停电路的编写方法相同，在梯形图设计中强调转换。基于顺序功能图的基本原则，转换实现的条件必须满足前级步为活动步，同时满足转换条件。如图 5.58 所示，当前活动步为 M1 步，转换条件满足 X1 = ON 时，通过 SET 指令使下一步 (M2) 置位 (激活)，同时用 RST 指令使上一步(M1)复位。

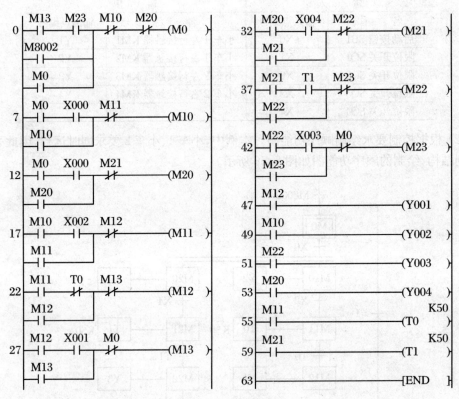

图 5.57 梯形图

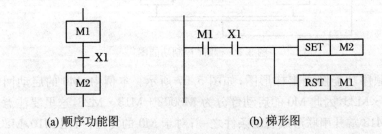

(a) 顺序功能图　　　　　　　(b) 梯形图

图 5.58 以转换为中心的控制程序

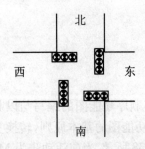

图 5.59 交通灯控制示意图

例 1 前面我们用经验设计法设计过交通灯控制程序,这里我们用顺序设计法进行设计,并根据得到的控制功能图,分别用起保停和以转换为中心的设计方法进行程序设计。

为了说明问题,这里再次把控制要求、示意图以及动作时序图画出,如图 5.59、图 5.60 所示,这里我们把 X0 外接自动复位型按钮,并把自动复位型停止按钮接 X1。

控制要求:

(1) 东西方向车流量少,允许放行的时间短(25 秒);南北方

项目五　学习PLC程序设计方法

向车流量多,允许放行的时间长(30秒)。

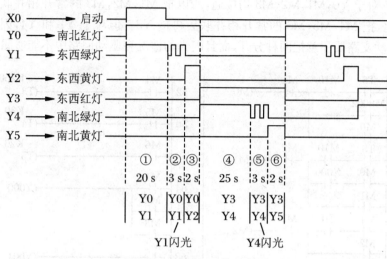

图 5.60　交通灯动作时序图

(2) 同一方向的绿灯亮→绿灯闪(3秒,闪光频率为10 Hz)→黄灯亮(2秒),在这一时间段内,另一方向的红灯一直保持亮。而后前者由黄变为红灯亮,后者执行绿灯亮→绿灯闪(3秒)→黄灯亮(2秒)的过程,如此循环下去。时序图如图5.60所示。

根据控制要求,结合时序图,画出顺序功能流程图,如图5.61所示。

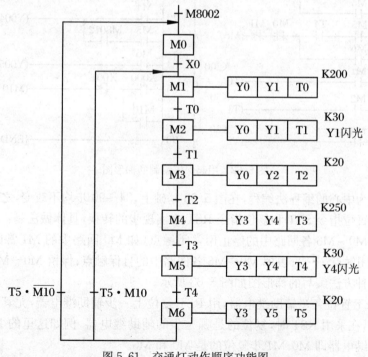

图 5.61　交通灯动作顺序功能图

根据顺序功能流程图,用起保停编制的梯形图如图5.62所示。梯形图中,各启动没有直接与对应的辅助继电器线圈并联,而是把同一个启动涉及的辅助继电器常开触点并联后,再接到启动上。对于 Y0,M1,M2,M3 均接通,所以把 M1,M2,M3 的常开触点并联后再接 Y0;步 Y3 亦如此,把 M4,M5,M6 的常开触点并联后再接 Y3。但对于 Y1 和 Y4,因有平光和闪光,所以其驱动支路要注意把两种分开,而且闪光的情况在驱动回路中不能遗漏 M8012。

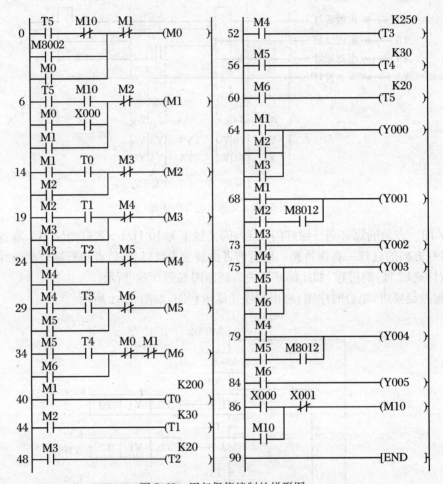

图 5.62 用起保停编制的梯形图

用以转换为中心的编程法编程,在图 5.56 基础上,34~90 步均不改变,之前的 M0~M6 回路均改为用置位指令 SET 和复位指令 RST 来实现步的转换,具体做法是:

(1) 去掉 M0~M6 各回路中的停止用常闭触点(如 M0 回路中的 M1 常闭触点,M1 回路中的 M2 常闭触点……);去掉 M0~M6 各回路中的自保触点;保留 M0~M6 回路中的启动部分。用这种方法编写的梯形图如图 5.63 所示。

(2) 用 SET 置位各步辅助继电器,用 RST 复位上一步辅助继电器,尤其要注意有多条启动回路的步,在采用 RST 时,复位的是哪一步的辅助继电器,例如这里的 M0 步,复位的是上一步辅助继电器即 M6,M1 步复位的是 M0 和 M6。

项目五　学习 PLC 程序设计方法

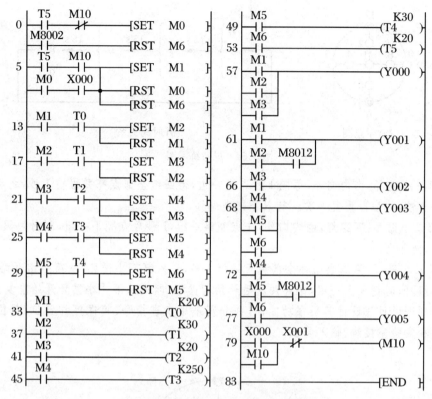

图 5.63　以转换为中心编制的梯形图

【总结与思考】

1. 总结

状态转移图又叫功能图，它是用状态元件描述工步状态的工艺流程图。它通常由初始状态、一系列一般状态、转移线和转移条件组成。每个状态提供三个功能：驱动有关负载、指定转移条件和指定转移目标。用顺序设计法设计出功能流程图后，我们可以通过 GX Developer 软件直接采用 SFC 编程的方法输入；也可用梯形图或指令进行编程，主要有步进指令（STL/RET）编程、起保停电路形式编程和置位/复位（SET/RST）编程三种方法。

2. 思考

（1）图 5.64 为一钟表模型，当系统启动后，1,2,3 三灯先亮，计时 15 秒，换为 1,4,5 亮，再 15 秒，1,6,7 亮，再 15 秒，1,8,9 亮，依次循环下去。

① 设计其流程图。

② 分别用步进指令、起保停和置位/复位指令编写程序（画出梯形图，写出指令表）。

（2）某商场需要做一个霓虹灯牌，霓虹灯由 25 只颜色各异的白炽灯组成，如图 5.65 所示。要求系统启动后，各组（按圈分类：Ⅰ组、Ⅱ组、Ⅲ组和Ⅳ组；按不同方向半径分为一组、二组……八组）灯按以下要求循环变换：

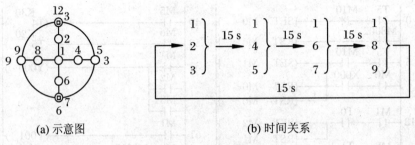

(a) 示意图　　　　　　　　　　(b) 时间关系

图 5.64　思考练习图

① 第一小循环：由内向外，每隔1秒点亮一组，待四组全部点亮并维持1秒，之后全部熄灭并维持1秒，然后再重复一次。转入下一类循环。

② 第二小循环：四组灯，由内向外，先点亮第一组，1秒后点亮下一组，同时熄灭第一组，以此类推，循环两次。

③ 第三小循环，第二小循环全部熄灭维持1秒，进入第三小循环：从第一组开始，每隔1秒点亮一组，同时熄灭上一组，循环两次后开始大循环，即又从第一小循环开始重复。

请用顺序设计法设计其顺序功能图，并分别采用步进指令、起保停和置位/复位指令编写程序。在实验室接线、输入调试。

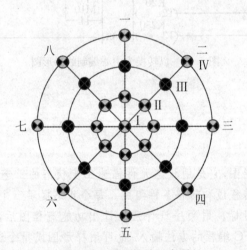

图 5.65　霓虹灯牌示意图

附录一　FX基本指令一览表

符号名称	功　能	电路表示和目标元件	符号名称	功　能	电路表示和目标元件
[LD] 取	运算开始 a接点	XYMSTC	[OUT] 输出	线圈驱动 指令	YMSTC
[LDI] 取反	运算开始 b接点	XYMSTC	[SET] 置位	动作保持 线圈指令	SET YMS
[LDP] 取脉冲	上升沿检测 运算开始	XYMSTC	[RST] 复位	动作保持解 除线圈指令	RST YMSTCD
[LDF] 取脉冲(F)	下降沿控制 运算开始	XYMSTC	[PLS] 脉冲	上升沿检测 线圈指令	PLS YM
[AND] 与	串行连接 a接点	XYMSTC	[PLF] 脉冲(F)	下降沿检测 线圈指令	PLF YM
[ANI] 与非	串行连接 b接点	XYMSTC	[MC] 主控	公用串行接点 用线圈指令	MC N YM
[ANDP] 与脉冲	上升沿检测 串行连接	XYMSTC	[MCR] 主控复位	公用串行接点 解除指令	MCR N
[ANDF] 与脉冲(F)	下降沿检测 串行连接	XYMSTC	[MPS] 进栈	运算存储	MPS MRD MPP
[OR] 或	并行连接 a接点	XYMSTC	[MRD] 读栈	读出存储	
[ORI] 或非	并行连接 b接点	XYMSTC	[MPP] 出栈	读出存储 或复位	
[ORP] 或脉冲	上升沿检测 并行连接	XYMSTC	[INV] 反向	运算结果 的反向	INV
[ORF] 或脉冲(F)	下降沿检测 并行连接	XYMSTC	[NOP] 无	空操作	程序清除或空格用
[ANB] 电路块与	块间 串行连接		[END] 结束	程序结束	程序结束,返回0步
[ORB] 电路块或	块间 并行连接				

附录二 FX 应用指令一览表

类别	功能号	助记符	名　称	适用机型	
				FX1S, FX1N	FX2N, FX2NC
程序流程	FNC 00	CJ	条件转移指令	•	•
	FNC 01	CALL	子程序调用指令	•	•
	FNC 02	SRET	子程序返回指令	•	•
	FNC 03	IRET	中断返回指令	•	•
	FNC 04	EI	开中断指令	•	•
	FNC 05	DI	关中断指令	•	•
	FNC 06	FEND	主程序结束指令	•	•
	FNC 08	FOR	循环开始指令	•	•
	FNC 09	NEXT	循环结束指令	•	•
传送与比较	FNC 10	CMP	比较指令	•	•
	FNC 11	ZCP	区间比较指令	•	•
	FNC 12	MOV	传送指令	•	•
	FNC 13	SMOV	移位传送指令	−	•
	FNC 14	CML	取反传送指令	−	•
	FNC 15	BMOV	成批传送指令	•	•
	FNC 16	FMOV	多点传送指令	−	•
	FNC 110	ECMP	浮点数比较指令	•	•
	FNC 111	EZCP	浮点数区间比较指令	•	•
	FNC 224	LD=	起始触点比较指令	•	•
	FNC 225	LD>	起始触点比较指令	•	•
	FNC 226	LD<	起始触点比较指令	•	•
	FNC 228	LD<>	起始触点比较指令	•	•
	FNC 229	LD<=	起始触点比较指令	•	•
	FNC 230	LD>=	起始触点比较指令	•	•
	FNC 232	AND=	串接触点比较指令	•	•
	FNC 233	AND>	串接触点比较指令	•	•
	FNC 234	AND<	串接触点比较指令	•	•
	FNC 236	AND<>	串接触点比较指令	•	•
	FNC 237	AND<=	串接触点比较指令	•	•
	FNC 238	AND>=	串接触点比较指令	•	•
	FNC 240	OR=	并接触点比较指令	•	•
	FNC 241	OR>	并接触点比较指令	•	•
	FNC 242	OR<	并接触点比较指令	•	•

附录二　FX应用指令一览表

续表

类别	功能号	助记符	名　　称	适用机型	
				FX1S,FX1N	FX2N,FX2NC
传送与比较	FNC 244	OR<>	并接触点比较指令	•	•
	FNC 245	OR<=	并接触点比较指令	•	•
	FNC 246	OR>=	并接触点比较指令	•	•
	FNC 17	XCH	交换指令	−	•
	FNC 147	SWAP	上下字节交换指令	−	•
移位	FNC 30	ROR	循环右移指令	−	•
	FNC 31	ROL	循环左移指令	−	•
	FNC 32	RCR	带进位循环右移指令	−	•
	FNC 33	RCL	带进位循环左移指令	−	•
	FNC 34	SFTR	位右移指令	•	•
	FNC 35	SFTL	位左移指令	•	•
	FNC 36	WSFR	字右移指令	−	•
	FNC 37	WSFL	字左移指令	−	•
	FNC 38	SFWR	移位写入指令	•	•
	FNC 39	SFRD	移位读出指令	•	•
数值运算	FNC 20	ADD	BIN加法运算指令	•	•
	FNC 21	SUB	BIN减法运算指令	•	•
	FNC 22	MUL	BIN乘法运算指令	•	•
	FNC 23	DIV	BIN除法运算指令	•	•
	FNC 24	INC	加1指令	•	•
	FNC 25	DEC	减1指令	•	•
	FNC 48	SQR	BIN开方指令	−	•
	FNC 49	FLT	整数→二进制浮点数转换指令	−	•
	FNC 129	INT	二进制浮点数→整数转换指令	−	•
	FNC 118	EBCD	十进制浮点数→二进制浮点数指令	−	•
	FNC 119	EBIN	二进制浮点数→十进制浮点数指令	−	•
	FNC 120	EADD	浮点数加法指令	−	•
	FNC 121	ESUB	浮点数减法指令	−	•
	FNC 122	EMUL	浮点数乘法指令	−	•
	FNC 123	EDIV	浮点数除法指令	−	•
	FNC 127	ESQR	浮点数开平方指令	−	•
	FNC 129	INT	二进制浮点数→整数转换指令	−	•
	FNC 130	SIN	浮点数正弦指令	−	•
	FNC 131	COS	浮点数余弦指令	−	•
	FNC 132	TAN	浮点数正切指令	−	•
	FNC 26	WAND	逻辑字与指令	•	•
	FNC 27	WOR	逻辑字或指令	•	•
	FNC 28	WXOR	逻辑字异或指令	•	•
	FNC 29	NEG	求补码指令	−	•

续表

类别	功能号	助记符	名称	适用机型	
				FX1S, FX1N	FX2N, FX2NC
数据处理	FNC 18	BCD	BIN→BCD 转换指令	•	•
	FNC 19	BIN	BCD→BIN 转换指令	•	•
	FNC 170	GRY	BIN→GRY 指令	−	•
	FNC 171	GBIN	GRY→BIN 指令	−	•
	FNC 41	DECO	译码指令	•	•
	FNC 42	ENCO	编码指令	•	•
	FNC 43	SUM	位"1"总和指令	−	•
	FNC 44	BON	位"1"判别指令	−	•
	FNC 46	ANS	信号报警设置指令	−	•
	FNC 47	ANR	信号报警复位指令	−	•
	FNC 52	MTR	数据采集指令	•	•
	FNC 61	SER	数据检索指令	−	•
	FNC 69	SORT	数据排序指令	−	•
	FNC 45	MEAN	求平均值指令	−	•
	FNC 40	ZRST	区间复位指令	•	•
外部设备	FNC 70	TKY	十键输入指令	−	•
	FNC 71	HKY	十六键输入指令	−	•
	FNC 72	DSW	数字开关指令	•	•
	FNC 73	SEGD	7 段码显示指令	−	•
	FNC 74	SEGL	7 段码锁存显示指令	•	•
	FNC 75	ARWS	方向开关指令	−	•
	FNC 76	ASC	ASCII 码输入指令	−	•
	FNC 77	PR	ASCII 码输出指令	−	•
	FNC 85	VRRD	模拟电位器数据读指令	•	•
	FNC 86	VRSC	模拟电位器开关设定指令	•	•
	FNC 78	FROM	特殊功能模块读指令	•(FX1N)	•
	FNC 79	TO	特殊功能模块写指令	•(FX1N)	•
	FNC 80	RS	串行数据传送指令	•	•
	FNC 82	ASCI	HEX→ASCII 变换指令	•	•
	FNC 83	HEX	ASCII→HEX 变换指令	•	•
	FNC 84	CCD	校验码指令	•	•
	FNC 81	PRUN	并行数据位传送指令	•	•
	FNC 88	PID	PID 控制指令	•	•
高速处理和PLC控制	FNC 53	HSCS	高速比较置位指令	•	•
	FNC 54	HSCR	高速比较复位指令	•	•
	FNC 55	HSZ	高速区间比较指令	−	•
	FNC 56	SPD	脉冲密度指令	•	•
	FNC 50	REF	输入输出刷新指令	•	•
	FNC 51	REFF	输入滤波时间调整指令	−	•
	FNC 07	WDT	监视定时器刷新指令	•	•

续表

类别	功能号	助记符	名称	适用机型 FX1S,FX1N	FX2N,FX2NC
脉冲输出和定位	FNC 57	PLSY	脉冲输出指令	•	•
	FNC 59	PLSR	带加减速的脉冲输出指令	•	•
	FNC 58	PWM	脉宽调制指令	•	•
	FNC 156	ZRN	原点回归指令	•	−
	FNC158	DRVI	相对位置控制指令	•	−
	FNC 159	DRVA	绝对位置控制指令	•	−
	FNC 157	PLSV	可变度脉冲输出指令	•	−
	FNC 155	ABS	绝对位置数据读出指令	•	−
变频器通信	FNC 180	EXTR K10	变频器运行监示	−	•
	FNC 180	EXTR K11	变频器运行控制	−	•
	FNC 180	EXTR K12	变频器参数读出	−	•
	FNC 180	EXTR K13	变频器参数写入	−	•
方便指令	FNC 60	IST	状态初始化指令	•	•
	FNC 62	ABSD	绝对方式凸轮控制指令	•	•
	FNC 63	INCD	增量方式凸轮控制指令	•	•
	FNC 68	ROTC	旋转工作台控制指令	−	•
	FNC 64	TTMR	示教定时器指令	−	•
	FNC 65	STMR	特殊定时器指令	−	•
	FNC 66	ALT	交替输出指令	•	•
	FNC 67	RAMP	斜坡信号指令	•	•
时钟处理	FNC 160	TCMP	时钟数据比较指令	•	•
	FNC 161	TZCP	时钟数据区间比较指令	•	•
	FNC 162	TADD	时钟数据加法指令	•	•
	FNC 163	TSUB	时钟数据减法指令	•	•
	FNC 169	HOUR	计时器指令	•	•
	FNC 166	TRD	时钟数据读出指令	•	•
	FNC 167	TWR	时钟数据写入指令	•	•

附录三 欧姆龙 CPM1A 系列基本逻辑指令一览表

指令名称	指令符	功　　能	操作数
取	LD	读入逻辑行或电路块的第一个常开接点	00000～01915 20000～25507 HR0000～1915 AR0000～1515 LR0000～1515 TIM/CNT000～127 TR0～7 ＊TR 仅用于 LD 指令
取反	LD NOT	读入逻辑行或电路块的第一个常闭接点	
与	AND	串联一个常开接点	
与非	AND NOT	串联一个常闭接点	
或	OR	并联一个常开接点	
或非	OR NOT	并联一个常闭接点	
电路块与	AND LD	串联一个电路块	无
电路块或	OR LD	并联一个电路块	
输出	OUT	输出逻辑行的运算结果	00000～01915 20000～25507 HR0000～1915 AR0000～1515 LR0000～1515 TIM/CNT000～127 TR0～7 ＊TR 仅用于 OUT 指令
输出求反	OUT NOT	求反输出逻辑行的运算结果	
置位	SET	置继电器状态为接通	
复位	RSET	使继电器复位为断开	
定时	TIM	接通延时定时器（减算） 设定时间 0～999.9 秒	TIM/CNT000～127 设定值 0～9999 定时单位为 0.1 秒 计数单位为 1 次
计数	CNT	减法计数器 设定值 0～9999 次	

另外，指令 IL/ILC,NOP,END 等都是常用的功能指令。

参 考 文 献

[1] 李金城.三菱 FX2N PLC 功能指令应用详解[M].北京:电子工业出版社,2011.
[2] 杨亚萍,陈北莉.电气控制与 PLC[M].北京:化学工业出版社,2009.
[3] FX2N 系列微型可编程序控制器使用手册[M].
[4] 三菱 GX-Developer 教程[M].
[5] 李乃夫.《电气控制与 PLC 应用技术》电子教案[M].北京:电子工业出版社,2014.
[6] 罗伟,邓木生.PLC 与电气控制[M].北京:中国电力出版社,2009.

参考文献

[1] 李鑫. 三菱FX2N PLC从入门到精通[M]. 北京:中国电力出版社,2011.
[2] 朱晓青,凌云,陈爱弟. 可编程控制器[M]. 北京:人民邮电出版社,2009.
[3] FX2N系列微型可编程控制器用户手册[M].
[4] 三菱GX Developer 8使用手册[M]. 三菱电机.
[5] 史宜巧,侯敬伟. PLC与组态控制技术应用[M]. 北京:北京大学出版社,2011.
[6] 廖常初. PLC基础及应用[M]. 北京:机械工业出版社,2009.